U0459598

猴面包树

PEG STREEP

ALAN B. BERNSTEIN

MASTERING THE ART OF QUITTING

放　弃　的　艺　术

[美] 佩格·斯特里普　　艾伦·B.伯恩斯坦　　著　　　戴思琪　译

电子工业出版社.
Publishing House of Electronics Industry
北京·BEIJING

献给我

最亲爱的女儿

亚历山德拉·伊斯雷尔

Alexandra Israel

和

世界上

最好的小猎犬

克雷格·韦瑟利

Craig Weatherly

|

佩格·斯特里普

Peg Streep

小火车头的故事

美国神话故事中一般鲜有放弃者的故事，本书的出发点就是要与传统的大众智慧背道而驰。事实上，我们所能接受和支持的唯一一种放弃的行为是放弃坏习惯，本书意不在此。

本书认为，放弃的能力与"坚持"和"乐观主义"同样重要，它的存在是平衡这两种特质的必要条件。培养放弃的能力也很重要，正如我们将要展示的，实际上即使目标无法实现，人类的本性就是坚持到底。放弃不仅能够使我们从无望的追求中解脱出来，还能让我们去追求新的、自己更为满意的目标。学会巧妙地放弃非常重要，它能对我们固有的思维习惯做出有意识的区分（其中许多习惯是无意识的），让我们能对最终目标坚持到底，不愿放弃。

放弃并不是结束，而是重新设定我们的目标和需求的必要的一步。

我们希望本书能帮助读者改变对放弃的态度，并为需要帮助的读者提供新思路，放弃那些无法实现的目标，修正那些不再令人满意的目标。本书对一味宣扬"坚持到底才是美德"的观念提出了必要的指正。

两种能力的平衡

我们小时候都听过小火车头[1]的故事，在其"我想我能做到，我想我能做到"的歌谣中进入梦乡。小火车头的故事告诉我们，坚持和积极思考是取得成功的关键。我们从小就听到许多类似"放弃者永远不会成功，成功者永远不会放弃"的名言警句，教导我们做事必须坚持到底，迎难而上。

对坚持的重视是美国文化的一部分，也许是因为当初该国的建立凭借的就是这种坚持的精神。当时，人们要挺过在新英格兰（美国东北部）的第一个严冬，跨越地势险峻的危险地带向西部挺进，凭着一腔热血行军数千英里[2]并坚持到底。无论是白手起家的人，还是转败为胜的人，抑或是像拳击手洛奇那样勇敢战胜种种困难的人，都让坚持成为"美国梦"的精神支柱。

将坚持视为成功的关键也为大众所接受。如果坚持是必需的，那么一个人可能拥有的超越其他人的特征和优势——教育、阶层、特权——就都会被人们所忽视。

1　　小火车头为美国儿童绘本《小火车头做到了》的主人公。——译者注

2　　1英里≈1609米。——编者注

在古希腊人看来，西西弗斯无效又无望地将巨石一次次地推向山顶的行为很可笑，而在美国人眼中，他是一个蓄势待发的未来英雄。

小火车头的故事和成人版本的类似故事完全左右了人们的集体思维，以至于我们所喜欢的成功故事中多少都掺杂着一些失败成分，有一些看似难以克服的困难。这样在讲述中，坚持就变成了最为突出的品质。如果托马斯·爱迪生在发明电灯泡时，第一次尝试就成功了，那么我们还会如此钦佩他吗？当然不会，因为我们崇拜的是那些"十年磨一剑"的人物，就像奥普拉25年来所采访的无数成功人士一样，更不用说在大量的新闻故事、书籍和电影中所描绘的人物了。坚持也让一些动物被人们添上了英雄色彩，比如，能从千里之外找到回家的路的狗或猫。

在反复讲述关于坚持的故事的过程中，"决心等于成功"这一公式衍生出了许多其他的文化比喻，其中最著名的一条就是"失败是成功之母"。YouTube视频《著名的失败》的播放量已达到数百万次，并在互联网上被疯狂转发。这并不奇怪，因为这段视频所传达的信息就是，如果你没有失败过，就没有真正地活过。

这是一个令人欣慰的想法。当我们为自己设定新目标时，我们会把这些故事看作战士的斗篷——史蒂芬·金被退稿了30次，还有4部小说未能出版；史蒂夫·乔布斯开发的Next电脑并未成功，还有许多其他类似的故事。我们告诉自己，文化对我们有潜移默化的影响——"我想我能做到"这句口号和"如果你一次没有成功，就努力，再努力"这句话一唱一和，在我们脑海中盘旋——将帮助我们渡过难关。

我们对坚持具有很强的信念，影响了我们讲述自己故事的方式，以及我们从别人讲述的故事中习得的经验。这一信念与我们看待生活的方式紧密交织，以至于我们很难用其他的方式进行思考。

不过这里有一个问题，不管我们多少次看到了洛奇获胜，坚持都不是成功的必由之路。事实上，我们对坚持的依赖在很多重要方面都限制了我们的视野，使我们在看待一些事情时目光短浅。此外，我们每个人都有一些固有的思维习惯，引导我们做出承诺，远离放弃，不管成功的可能性有多小。

我们的思维一直在激励我们坚持到底，因此当我们思考实现目标的可能性时，我们很可能会过分乐观，有时甚至会一厢情愿。我们不太擅长判断一个目标是否真的可以实现。另外，当已经实现的目标不再让我们快乐时，我们的思维习惯和选择放弃所带来的压力都会阻碍我们迈进新的生活、设定新的目标。坚持成了我们的绊脚石，当我们没有实现目标时，通常情况下我们不会完全放弃它，因为它阻碍了我们继续前进和设定新的目标。

彻底放弃的能力和坚持不懈一样，都是帮助我们更好地生活的宝贵工具。

接受放弃的价值听起来很奇怪，违反直觉，甚至被视为愚蠢和颠覆性的。我们都被教导说，"放弃是软弱的表现，只有失败者才会轻言放弃"。

简而言之，成功的人既知道如何坚持，也知道如何放弃。成功者会放弃一些事情，但不是以大众认为的方式，他们在放弃时也能做到有理有据，充满智慧。

尽管我们的文化一味推崇坚持，但知道如何放弃、何时放弃是一项重要的生活技能，并非大众所认为的穷途末路之举。考虑放弃会激发人类产生不同的想法，这是我们在听长辈的故事和教导我们的子女时会忽略的一个方面。它为人类大脑的工作方式做了重要的纠正，不让人们一边倒地支持"坚持"的想法。理解为什么我们很难掌握放弃的艺术，可以让我们深入了解自己的决策有多少是无意识的，以及我们如何才能做出有意识的决策。

本书的内容建立在科学理论的基础之上，包括心理学家和研究人员对人类行为和动机的研究，以及科学家对人类大脑的探索。本书将放弃视为一种可以习得的技能，因为在放弃能力和坚持能力上的均衡发展能够使你对自己的决策更为满意。当你陷入困境时，本书将帮你摆脱困境，让你在生活道路上继续向前迈进。设定新的目标和开启新的可能性的唯一方法，就是彻底地放弃旧的目标。

以下建议适用于各个生活领域的目标，包括爱情、人际关系和工作领域。

⦿ 想要最终实现目标，不仅需要从失败中学习，还必须彻底放弃过去的失败目标。

⦿ 放弃给人们的思想和精神松绑，正是放弃的行为允许了人们不断学习、有所成长，并增强了人们设定新的目标的能力。不愿放弃失败削弱了自我，并常常使我们丧失行动能力。如果没有掌握放弃的能力，大多数人最终会陷入恶性循环。

⦿ 睿智的人既有能力坚持，也有能力放弃。他们知道什么时候该停止坚持，选择放弃；反之亦然。当他们选择放弃的时候，就是彻底地放弃。之后，他们会转变方向，设定一个新的目标再次坚持。他们不会回头看。

⦿ 有些人天生既擅长坚持又懂得放弃。虽然放弃并不像坚持不懈那样被人们广泛接受，但好消息是，所有人都可以掌握放弃的艺术。

⊙ 当目标无法实现，人生似乎走进了一条死胡同，或者当生活向你抛出了很多难题时，放弃就会是一种健康的适应性反应。将放弃提上日程，把它视作一种可行的选择，是对坚持到底所导致的视野狭窄的有益纠正，也是改变你的观念的必要的第一步。

⊙ 要想成功，你需要平衡好坚持和放弃的能力。

我们所说的这种情况的心理学术语是"目标脱离"（goal disengagement）。它并非一蹴而就，而具有一系列相互关联的步骤。能够做到目标脱离的人实际上比无法做到的人更快乐，对生活也更为满意。目标脱离究竟意味着什么，以及它为什么如此重要，一直是学术界广泛研究的焦点。相比生活不幸的人，生活幸福的人更加实际。研究表明，人若无法从一个不能实现的目标中脱离出来，就会感到不舒服。

目标脱离不是脱口而出"去你的"，或是摔门而出，它与其全然不同。它并非懦夫的行为，也不是没有能力坚持到底的行为表现。

本书为思维和认识层面的脱离提供了指导。目标脱离能够改变你的想法、感觉和行为。如果方法得当，掌握放弃的艺术就会激励你设定新的目标，考虑新的可能性。

目录

最终让我们坚持下去的，不仅仅是我们对放弃
所带来的情绪影响的简单回避，以及放弃长期
目标的某种羞耻感，还与我们的大脑感知坚持
的方式有关。

这些放弃模式虽最多只能在表面上切断人们对
目标的追求，但还是会保留使人们以各种形式
坚持下去的机制。它们无法为设定新的目标和
可能性提供任何前进的动力。

第三章

了解放弃的艺术

/078

想要做到脱离，必须颠覆我们许多自动的、习惯性的思维方式，这些思维方式总是驱使我们无论如何都要坚持不懈，对抗文化压力。

第四章

培养放弃的能力

/116

一旦你了解了自己的放弃能力（或认为自己缺乏这种能力），让你原地踏步的思维习惯、评估目标和确定目标优先级的能力、放弃的最佳时机等方面的问题就会逐渐清晰起来。

第五章

管理思想和情绪

/150

理解我们的情绪，了解到情绪是想法的一部分，并非与之对立，这样就可以抵消我们之前谈过的过分乐观和其他偏见。

第六章
■
盘点你的目标

为什么我们对细节的关注与我们脑海中想象的差别很大，这是怎么回事？当我们开始盘点目标并考虑是否要放弃其中一些目标时，对这一点有所了解很重要。

第七章
■
规划你的目标

清晰地规划好目标后，心理对照就成了一种强大的工具，可以帮助你决定是继续追求目标、重新定义目标，还是选择目标脱离。不管你的最终目的是什么，你的武器库中都会躺着这件秘密武器。

第八章
■
别让后悔阻碍你

后悔涉及思维（将你所做的事情和最终的结果与可能发生的事情进行比较，将现实与想象进行对比），是一种情感，往往不请自来，在目标设立和目标脱离上，渗透式地影响了你的决策。

第九章

重置你的内心罗盘

试着抽象地思考你的目标，这样你就能了解是否还有别的方法来实现它，或者去追求你生活中真正需要的东西。

后记

放弃的智慧

我们现在知道，坚持是人类与生俱来的。我们需要学习的是辨别能力，知道哪些目标值得努力，有足够的意义来为我们提供幸福感和满足感。

致谢

参考资料

第一章

坚持背后的心理学

我要在一开始就说明，我和艾伦都放弃了我们本应从事的职业道路。说来奇怪，虽然我们最终做出了不同的选择，放弃的原因也各不相同，但我们都是从相同的职业道路上退出的。艾伦从事心理治疗师工作多年，积累了很多经验。我们的职业转变能让我们以"知情者"的视角，从放弃的成本和放弃所带来的可能性两方面来解读"放弃"。

两个放弃者的故事

那时，艾伦年近30，已婚并为人父，正在研究生院攻读文学博士学位。他已经通过了口试，正在撰写毕业论文，眼看目标就要达成——获得博士学位以及大学教授的职称。然而，尽管他喜欢教学（不喜欢做研究），比起为学生讲授莎士比亚的十四行诗，他意识到他更感兴趣的是听学生们讨论自我，谈论他们的目标与抱负。在轻松的大学生活中，学生们有很多机会做出尝试：他们可以顺道拜访老师，与老师共度美好时光。艾伦那时也处在自我探索的阶段，与学生的这些互动使他真正热爱的事情逐渐显露出来——艾伦很爱自己的学生，比起讲授英文诗歌中的"抑扬格五音步"[1]，他更想帮助学生做出积极的人生选择。他感到自己的使命所在并非文学，而是心理治疗，于是在论文进行到一半时，他选择了退学。

但是，在20世纪70年代初，放弃博士学位，脱离一所备受赞誉的学术机构，转而攻读社会工作专业硕士学位，艾伦的这一转变很难顺利推进，其间艾伦有过大量的自我怀疑和担忧。即使已经有着多年令人满意的职业生涯，艾伦仍对这种感觉记忆犹新："这种转变并非从黑暗走向光明，而更像是希望与怀疑做斗争的一个过程，两者要进行十几轮的较量才能决出胜负。"

放弃对艾伦来说有什么好处？放弃促使他找到并明确自己想要倾尽一生心血的工作——真正感到满意和有意义的工作，帮助他做了最为重要的人生选择。

佩格也在市场就业情况不佳的时候离开了学术界，进入了出版领域。那时她即将完成学位论文，马上就能获得文学博士学位，但彼时学术界的风气让她觉得自己应该去做些更有价值的事。这让她的导师们失望并懊恼。令她惊讶的是，职场生活在某些方面和学术生活很相似，因此在她30多岁的时候，她决定要为自己而工作，重新设定自

1　英文诗歌的一种格律，指一首诗的基本音步类型是抑扬格，每行五音步。——译者注

己的目标。随着时间的推移，她成为一名作家，并对此非常满意，这也让她可以在拥有事业的同时做好一名全职妈妈，她时常觉得这简直是命运对她最好的安排。

我俩都有切身的体会：放弃一个长期坚持的目标或是梦想，会带来不可思议的信念转变，而在这种转变中，就在我们开始放手的那一刻，怀疑和担忧会随之而来。

为何"放弃者"是个贬义词？

我们所谈论的放弃与我们对"放弃者"的刻板印象并无关联。在一种信仰"坚持"的文化氛围中，"放弃者"是对人极具侮辱性的蔑称之一。这一蔑称的言外之意是，这个人有着根深蒂固的性格缺陷，难以投身于一项事业，在面临挑战时会表现得非常软弱。

"放弃者"在词典中的解释是"喜欢放弃的人，特指那些轻言放弃的人"，可以看出，这里的道德批判意味极其明显。

真正的目标脱离并不容易实现。你需要让自己的思维摆脱旧有的逻辑，管理自己的消极情绪，设定新的目标，以及调整行为模式来适应新的目标。这与我们常说的"放弃者"的行为截然不同。

以32岁的杰森为例，他花了6年时间完成高中学业（父母送他多读了2年预科学校，这样他就能得到更多学分），之后又花了6年时间读完大学（他因未完成作业而被一所著名的大学开除）。在他二三十岁的时候，他的人生模式就是放弃工作、放弃亲密关系，甚至频繁更换城市生活——他去西班牙教书，即使他的人生目标并不是教书，只不过是为了打发时间。他搬去西海岸进行"自我重塑"，后来又离开了那里搬回东部。

正如杰森所说，没有一份工作能充分激发他的天赋和才能，他总是壮志难酬，因此从来没有坚持做一份工作超过一年。现在，杰森仍然不确定自己适合走怎样的职业道路，他似乎对这种不确定也并不介意。他总是在必须努力之前就选择了放弃，这让他几乎没有过失败的经历——这可能就是问题的核心。

我们都碰到过一两个像杰森这样的人。当工作时间变长，内容变得枯燥，或是觉得自己有可能失败时，他们会马上选择放弃。我们都不喜欢半途而废的人，因为当我们作为同事或队友与其一起工作时，"放弃者"最有可能中途离我们而去，最后我们还得做好本该由他来完成的工作。

一个人是如何变成"放弃者"的呢？原因有很多。放弃者可能无力做出承诺，他们会害怕成功或是害怕失败，他们可能会无可救药地弄巧成拙，他们可能很懒、游手好闲，或是游戏人生。

这种放弃可以说是建立在逃避和无力参与的基础上的，与我们所讨论的经过深思熟虑的放弃没有任何相似之处。

在掌握放弃的正确方式之前，我们先来看看，我们对坚持的依赖与看重是如何一步步扭曲我们的情绪的，我们又是如何看待放弃的。

"坚持"的情绪推力

在坚持的文化压力和内在情感的压力下，对于放弃行为实际上多么受情绪影响这件事，无论怎么谈都不为过。拿最简单来说，要证明你并非传统意义上的放弃者就没那么容易，你要让大家觉得你并非很情绪化，没有坚持下去的勇气，缺乏坚持不懈的恒心，是团队中最脆弱的人，等等。你需要消化很多东西，当然，这些也是推动你继续前行的极佳动力。

总的来说，只有在谈到放弃一个坏习惯时，人们才认为这种放弃是积极主动的，而在其他任何情况下，放弃总被视为一种被动反应，带有贬义色彩。出于这些原因，想要放弃的人会发现自己总是处于情绪旋涡中，常常很有防御心。不管是公开的还是私下里，受我们所处文化氛围的影响，我们总要特地为自己的放弃行为做出解释，这让我们承受了很多情绪压力。我们在情感上总是被鼓励去选择坚持，这一点不足为奇。

我们羞于放弃还有一个重要的原因——人类大体上喜欢回避，尤其是在面对情绪或生理上的痛苦时。当人们陷入不良处境或感到很有压力时——可能是在职场或是一段感情中，他们更可能继续承受熟悉的情绪痛苦，而不去应对自己不了解的情绪波动。而如果他们决定放弃和走出这个困境，这则是他们一定要去探索的未知领域。心理咨询师们总是会遇到这样的来访者，他们坚持要待在令他们很不愉快却感到熟悉的情境中，让自己的人生变得困顿。此外，坚持不会让人产生羞耻感、无力感或失败感，这些感觉显然与人们印象中的那种不恰当的放弃有关。

坚持到底常被视为一种美德，因此它能在一定程度上给人带来情绪上的平静，不会带来因放弃所产生的情绪上的波动。这种情况也在情绪上推动了人们去选择坚持。

然而，本书所描述和谈论的放弃与人们观念中的放弃截然不同，它能让人们情绪稳定。本书提倡放弃的艺术，它包括抛弃熟悉的事物，开拓新的领域，经历一段迷茫期，以及学会与放弃重要事物所带来的情绪相处。一一看来，这些虽都是人们难以驾驭的情绪领域，但学会处理它们会带来更深远的情感回报。学会管理情绪不仅是掌握放弃的艺术的重要环节，在设立新目标的过程中也极为关键。过分强调坚持会把我们逼到一个自相矛盾的境地——没有人教我们如何管理情绪，但我们要学会掌控它们。从这个意义上讲，掌握放弃的艺术也应包含接受情感教育。正如一位60多岁、有过四段不同职业经历的女性所说："放弃需要勇气，并非轻而易举。我很喜欢自己的一点是，我总能想尽办法鼓足勇气放弃，就算不知道结果如何，我也会向前迈进，做出改变。当你冒险闯入未知领域并坚信万事顺利时，你需要有极大的信心。"

然而，最终让我们坚持下去的，不仅仅是我们对放弃所带来的情绪影响的简单回避，以及放弃长期目标的某种文化羞耻感，还与我们的大脑感知坚持的方式有关。

大脑对坚持的感知

在某种程度上，难以掌握放弃的艺术要归因于大脑处理感官信息的方式。提倡坚持的文化压力和大脑的工作方式相互配合，让我们很多人对无法实现的目标依旧穷追不舍。

在追求目标的过程中，我们一直相信这一过程是有章可循、合乎逻辑的，但其实只在目标容易达成的情况下，大脑才会使用有价值的策略，而如果目标无法实现，大脑就会采取一些有害的策略。科学家们已经描绘出相互交叠的两个思维系统：一个系统是认知系统——即直觉，它反应相对快速而不费力，通过联想来起作用；另一个系统基于推理，它的反应慢得多，需要深思熟虑，而且是有意识的。人类的心理活动的能力是有限的，比较费力的思考过程往往相互干扰。相比之下，直觉性思维在与其他任务同时作用时不会被打断。因此，当我们同时思考不止一件事情时，我们最容易想到的往往是最简单的答案，而这是由直觉性思维产生的。当然，我们并不会意识到这件事，而是更倾向于把所有的想法都归为深思熟虑的产物。

直觉性思维曾对人类非常有用，特别是在如狩猎这种需要体力去追逐的情境中，快速反应和坚持到底对于生存来讲都是至关重要的。到了21世纪，我们的大脑仍然会使用这些与逻辑和理性无关的策略。

对于难以实现的目标，大多数人的反应方式都很相似，科研人员已对这些方式进行了研究和命名。为了清晰起见，在某些情况下我们会遵从科学原则重新命名一些反应方式。它们都是我们需要识别和理解的大脑习惯，因为它们直抵"为何坚持需要放弃的能力来调和"这一核心问题。所有这些我们与生俱来的行为，都受到我们所处的文化以及"不准放弃"的观念的影响。

詹妮弗的经历就是一个很好的例子。詹妮弗今年32岁，是一位律师的女儿，现在是一家规模虽小但很有声望的律师事务所的律师。她在大学时就下定决心要成为一名律师。她在法学院一直是既有天赋又勤奋的学生。走上工作岗位后，她也同样努力。在最初的4年里，尽管工作占用了她大量的时间和精力，但她一直热爱法律工作。后来，她的顶头上司跳槽去了另一家律所。

她的新老板就不一样了。尽管詹妮弗的律所同事和客户的都很喜欢她，但这位新老板却总是对她和她的工作评头论足，极为挑剔。在公司的等级制度下，新老板对詹妮弗的评价又至关重要。

詹妮弗想了一些方法来取悦这位新老板，时不时地还能从他的反应中得到鼓励。得到些许鼓励的时候，她安慰自己，马上就能赢得老板的欢心了，但最终她所做的一切都还是无法让老板满意。

渐渐地，她开始害怕去上班，她从法律实践中所得到的快乐也在日益消逝。她既焦虑又沮丧，不知如何是好。每一个听她倾诉心事的人——她的丈夫、父母、朋友——都劝她要坚持下去。

在这份工作中，她已经投入了太多的时间和精力——3年法学院的学习和近4年在律所的实践。这些让她很难放弃。她仍有机会成为律所的合伙人，也希望最终能赢得老板的好感，如果她现在选择放弃，老板就赢了。在当时并不景气的经济形势下，律师职位饱和，供过于求，她可能再也找不到这种工作了。辞职也会影响她的职场形象，让人觉得她无法承受压力，老板评论不佳的推荐信可能会让她在未来几年都深受其困。如果继续坚持下去，她对接下来发生的事情会更有掌控力。

詹妮弗的故事并不罕见。我们可以把她故事中的一些细节换成其他因素——转行、改变目标、坏老板的桥段等，还是会遇到我们对坚持的独特依赖所导致的困境，可能会陷入在一段感情，或在一段婚姻中该去该留的两难境地。这时不论是我们头脑中的声音还是外界的建议，都在劝说要坚持下去。

正如我们将要看到的，当我们在追求目标的过程中遇到阻碍时，我们可能认为自己是在有意识地、理性地做出反应，但事实上可能并非如此。

感到"临近成功"

在强调"坚持"的文化氛围影响下，当人们因胆怯而无法改变目标时，人们更愿意认为自己"临近成功"，而非失败。人们拥有这一观念是有原因的。

人类的大脑会本能地对"临近成功"做出反应。在体能方面，它其实对成功起到了很好的预示作用。比如说，当你进行打猎、射击、打棒球这类需要体能和专业技能的活动时，"临近成功"意味着你离你的目标越来越近，稍稍打磨一下技能，就很有可能成功。在学术追求上，离你为自己设定的目标分数仅一步之遥时，这种"临近成功"也是实际可靠的。学习再努力一点，坚持的时间再长一些，就很有可能取得目标分数。

不幸的是，人们不太善于辨别"临近成功"什么时候可行。英国一项关于赌博的研究选取了一些普通人做被试者，将其分配到不同的老虎机上，监测他们在赌博时的大脑活动情况。玩老虎机赢钱根本不需要什么技巧，但研究人员发现，玩家和他们的大脑对游戏中"临近成功"所做出的反应与做技能性活动所做的反应如出一辙。他们大脑的愉悦与奖赏区域被"临近成功"所点亮的程度几乎和他们真的赢到钱时一样。此外，"临近成功"足以让他们即使真的输了钱也会继续玩下去，即使意识到"临近成功"但完全无法预测能否赢钱，也不会放弃。"临近成功"对于那些嗜赌成性的赌徒来说有着很大的影响，也就不足为奇了。

我们不用玩老虎机也能感受到"临近成功"的影响。

它总能强化我们的积极思维，加重我们的"一厢情愿"。它往往会让我们在一段不被所有人看好的关系中挣扎很久，或是很久后才能逃出明显的困境。我们坚持的信仰一直鼓动我们把失败看作"临近成功"。

在詹妮弗的经历中，她尝试用新的方法赢得老板的赞扬，在接收到除了老板轻视以外的任何反应时，她都将其解读为自己正在一步步地赢得老板的好感，这就是"临近成功"在发挥作用。老板只要说"还可以"，而不是刺耳的批评，就足以让詹妮弗感到自己在进步。

"临近成功"会对我们产生影响，不仅由于我们大脑中神经回路在起作用，还因为我们所处的文化对"放弃"这一行为的排斥。如果面对一个目标，放弃无法成为一种选择，我们就会越来越禁不住它的诱惑，无论是在事业、人际关系、还是在爱情上。了解到人类这一特殊思维习惯的力量，认识到我们倾向于将失败重新定义为某种"临近成功"，这些都是我们应该迈出的关键一步，我们要意识到自己需要有"放弃"这个选项。

传闻的影响力

当你要思考某件事是否会发生在自己身上，或一件事是否会导致另一件事发生时，你会找个地方坐下来，运用逻辑推理做出深思熟虑的决定，是这样吗？实际上并非如此。最真实的情况是，你的大脑会想到它最容易想到的传闻和事例，之后你就会在此基础上做出决定。

这种心理现象有个拗口的名字——可得性启发（availability heuristic)，它是另一种助长"坚持"想法的心理倾向。它从最为真实和生动的事例中汲取得来，最初对于人类的生存极有价值。假如你是旧石器时代的一位驯鹿猎人，正打算走一条最短的路去往鹿群聚集的湖边，可这时你听说之前有三个人在这条路上遭遇了熊的袭击，这些信息瞬间在你的脑海中被关联起来：最短的路线＝遇到熊＝危险。于是，你决定换条远一点的路，这可能会增加狩猎的难度，但起码能保住自己的性命。另一个类似的例子是，在不了解人类体内温度和旋毛虫病的情况下，许多古老的文化和宗教中流传着吃猪肉会死人的传闻，当时禁止人们食用猪肉。

可惜在当今世界，传闻的影响并非总是有益的。我们在电视上看到或是听闻中了彩票的人、谈话节目中克服了重重阻碍实现了崇高目标的人……这些频繁出现在我们生活中的事例总是让我们忍不住去想："我是不是也可以做到？"即使这种可能性非常低。在一个媒体无处不在的世界，一次又一次地听到某些事会让我们将一些本无内在关联的信息串联起来。这使得我们觉得该类事件可能发生的概率比实际发生的概率要高得多，不论好事还是坏事，都是如此。比如"坚持就是胜利"的故事就是这样，在一些其他事情上也是如此。

再如，媒体的注意力会集中在校园枪击或是人们遭遇鲨鱼袭击等危险事件上。无论是多么聪明的人，都会认为这些事件发生的可能性更大，因为这些事例更容易从记忆中被提取出来。事件越是跌宕起伏，越是扣人心弦，人们就越有可能一下子想到它。

为了证明这一点，心理学家斯科特·普劳斯曾询问被试者：一个人被坠落的飞机碎片砸死的可能性大，还是被鲨鱼袭击致死的可能性更大？实验对象可以思考1分钟后做出回答。

因为鲨鱼袭击事件引起了更多关注，所以大多数被试者会回答"鲨鱼袭击"，尽管一个人死于从天上掉下来的飞机碎片砸死的可能性是死于被鲨鱼袭击的30倍。当然，前者也是一件不太可能发生的事，但还是比被鲨鱼袭击的概率要高。因此，可得性启发就是这样起作用的。

我们的文化对于坚持的强调，以及媒体通过讲故事来颂扬的许多事例都让我们的思维特别容易受到传闻的影响。媒体想要启发受众并没有错，坚持不懈的故事确实能够激励人们。问题在于，当我们的决定被脑海中浮现的第一件事所左右时，我们不太可能会有合理的疑问，合理的疑问也肯定不是"我是不是也可以做到"。

正因如此，可得性启发让我们在预测成功或是其他事情上很难有所收获。排除可得性启发的影响，复盘一下自己为何选择努力坚持，这是一个重要的方法，会让我们不再一味沉溺于坚持，而是诚实地审视放弃是否为我们需要做出的选择。

间断强化的力量

不必要的坚持也会为一种名为"间断强化"的行为所滋养，要是这个词让你想到了在心理学课程上学到的某些知识，就可以说你的记忆力很好了。间断强化与坚持的确有所关联。事实证明，发生在小白鼠身上的事也同样会发生在人类身上。为了唤醒你的记忆，我们先来回顾一下斯金纳的实验。

有三只饥饿的小白鼠被分别关在三个笼子里，每个笼子里都有一个操纵杆。在第一个笼子里，小白鼠每次推动操控杆都会得到一粒食物。小白鼠很快就意识到这个操纵杆是很可靠的食物来源，之后它开始想做什么就做什么：

跑转轮、在锯末中挖洞等。小白鼠变成了一个乐天派，因为它知道自己的食物来源在哪儿。

在第三个笼子里，小白鼠推动操纵杆却什么也没得到，它一次又一次地推动操纵杆，但什么回应也没有。没有食物的奖励，小白鼠放弃了推动操纵杆，开始忙着寻找食物。

然而，在第二个笼子里的小白鼠可真是遇上了麻烦。它推动操纵杆，有时能得到一粒食物，有时什么也得不到。即使是一只小白鼠也会永远心怀盼望，它似乎被"封印"在了操纵杆前，一直不断地推动操纵杆，时而受挫，时而获得奖励。间断强化使得小白鼠日夜守在操纵杆前。换句话说，在这三只小白鼠中，面对只在部分时间提供食物的操纵杆的那只小白鼠是最为坚持不懈的。

毫无疑问，间断强化在人类历史上的某些时刻是很有价值的，尤其是在人类频繁狩猎、捕鱼和觅食时期。人类不时获得一些需要的东西会强化生存所需的坚持的品质。而在一些其他情境中，间断强化可能并不是一件好事，特别是在人们面对无法实现的目标时。

假设你的目标是让自己与人沟通时更为开放和积极（无论是和父母、兄弟姐妹、爱人、朋友，还是和同事或者老板；无论对方是男性还是女性），你们有过很多交心时刻，也有过几次争吵，每次你都抱怨对方没有足够的同情心，没有认真听你讲话，他的行为还是没有任何改变。你有时真的考虑要放弃这段关系了，而他不知怎的，突然向你打开了心扉。这真是奇迹中的奇迹。他真的开始倾听了，你对维系这段关系的所有犹豫会因此消失不见。

生活在继续，他又变回了以前的样子。你们又开始重复严肃的对话、激烈的争吵……瞧，他又突然向你打开心扉，关注你、理解你了。你又一次选择继续维持这段关系。

这就是间断强化。在《欲望都市》第六季中，凯莉·布拉德肖和比格先生之间的关系就是间断强化的经典案例。

除了人际关系，间断强化在其他领域也能发挥作用。暂时性地解决阻碍目标实现的某个问题，会以同样的方式强化不必要的坚持。

朱莉的故事就是一个例子。朱莉热爱制作珠宝，一直梦想着自己做老板，每天都奔赴在自己热爱的工作中。她不断攒钱，在新泽西州的一家商店租了一个柜台。她说："如果每周营业六天，我必须每周卖出价值3000美元的珠宝才能勉强实现盈利。大多数时候我都没有达到这一目标，但是有时候——每个月中有一个星期，我能达到目标，甚至超乎预期。这让我觉得自己离成功只差一两步了，我原地打转了两年，花光了大部分积蓄，最后，我终于接受了现实。"

间断强化会滋养坚持，即使它可能与实现目标的任何实质进展毫无关联。它会让个体无法做出有利于自己脱离困境的行为。这也揭示了为什么一味坚持并非良策，我们需要后退一步，反思一下，我们的思维习惯是不是一直在左右我们。

受困于承诺升级

"艰难之路，唯勇者行。"关于这句话的出处说法不一，但它总是以意想不到的方式成为事实。在更广泛的文化观中，这句话唤起了坚持的神圣性——想想跳着跑上台阶的拳击手洛奇，但事实与此完全不同。"承诺升级"是研究人员最喜欢用的术语。他们发现，当一个目标濒临失败甚至无法挽救时，人们实际上会增加对其投入，而且毫无征兆，不需要任何动力推动。

出于各种原因，承诺升级令人着迷。第一，它非常普遍，出现在全球各种文化中，无论这些文化多么不同。第二，聪慧或是受过良好教育并不能避免你落入承诺升级的陷阱。第三，除了加倍努力的人，其他人都知道承诺升级是不合理的。第四，承诺升级让我们更为了解人类和他们的大脑、动机及其行为。

不用多说，临近成功、可得性启发和间断强化都会增强承诺升级这一行为。当然，也有一些其他因素，如思维偏差、各种先天行为或社会性行为、放弃某事所需承担的责任等，这些都会使我们也追加即使是在失败显而易见的时候投入。

这主要与人性有关。我们无法依据现实评估自己和自己的才能。虽然自助类书籍和电视节目倾向于关注我们的集体性自尊缺乏，但实际上，我们大多数人都高估了自己的技能和才华。就像上文说过的那样，在人类历史的某个时期，这种思维偏差可能发挥了一定的作用：它曾赋予旧石器时代我们的祖先拥有更多的活力和自信，使他们成为氏族所需要的领袖，或者使他们更具心理优势，驱使自己在狩猎上超过其他人。然而，对于现代人来说，它更具有迷惑性。

优于平均效应描述的是，当人们被要求衡量自己与同龄人的能力时，大多数人会认为自己优于平均水平。这种评估适用于许多情况，比如在评估驾驶技能、运动技能、健康状况、管理能力，以及善良或是慷慨等性格特征时。有一项研究最为著名，美国大学理事会对100万名高中生进行了一项大规模调查，发现70%的被试者认为自己的领导力优于平均水平。更令人惊讶的是，他们在评估自己与人交往的能力时，每个人都认为自己至少处于平均水平，

60%的被试者认为自己处于前10%，有四分之一的被试者认为自己处于前1%。换句话说，在100万人中，只有15万的人认为自己与人交往能力处于平均水平。

坦率来讲，我们之所以容易陷入承诺升级的陷阱，是因为我们不能很好地判断自身能力是否足以实现目标，甚至很难判断设定的目标是否适合自己。处在竞争环境中的我们更有可能高估自己的能力而低估竞争对手的水平，因为我们往往过于自信。

丹·洛瓦洛和丹尼尔·卡尼曼在《哈佛商业评论》上撰文指出，优于平均效应还有一两个推论。我们往往对结果过于乐观，会像高估自身才能一样夸大结果出现的可能性。在适当的情境中，乐观的确是一件好事，坚持也是一样。当我们身处恰当的情境中，拥有匹配的技能与正确的目标时，乐观会为我们的努力提供动力。若是没有乐观的心态，很少有人能够取得成功。但是，承诺升级最终可能使得事情支离破碎，此时的盲目乐观只会加速这种崩塌。这不仅因为我们似乎总是喜欢乐观地预期未来，还因为我们不一定"知史以明鉴，查古以至今"。人们总是以一种抽象和笼统的视角来展望未来，从而忽略过去经验中的大部分细节信息。

洛瓦洛和卡尼曼还解释道，"我们如何为成功与失败归因会强化我们是否高估自己能力的倾向。"当人们将积极的结果归功于自己时，他们也倾向于将消极的结果归因于外界因素，并认为这些是他们无法控制的。这两种思维方式是导致承诺升级的因素，尤其是想到放弃并非一种选择而是最后的无奈之举时。

另外，尽管人们倾向于高估自己的能力，但我们对于重新调整自己的观念却非常敏感。这也是人们会在恶劣情况下仍会承诺升级的原因。正如许多研究所表明的，当人们收到关于他们参与的项目的大量负面消息或是负面反馈时，无论这些反馈多么有说服力，他们都有可能付出更多的努力，而不是减少投入或选择退出。

我们已经看到了大脑为坚持而重塑情境的一些情况，但事实远不止这些。一个人投入的金钱、时间、精力和努力越多，他对最初决策的责任感就越强，也更有可能坚持下去。证明自己最初的决策是多么正确，这件事此时已经胜过了一切。承诺升级，会使人们觉得自己证明了当初的想法是正确的。

这没什么道理可言。但无论是个体还是群体，无论是在个人生活还是商业生活中，人们一直都在这么做。研究表明，与和招聘没有任何关系的经理相比，对招聘到表现不佳的员工负有责任的经理解雇该名员工的可能性反而要小得多。相反，这位经理还会升级当初雇用该名员工的承诺。在公司层面，当决定是由团队来做时，馊主意也会受到欢迎。人们在面对失败的婚姻，或者他们决定接着开旧车时，也会这样做。

一辆旧车最后变成一台噪声很大、破旧不堪的机器，就是一个极具代表性的例子。这可以用来说明承诺升级是如何起作用的。帕特里克和他的妻子芭芭拉在买新车还是接着开旧车这个问题上产生了分歧。帕特里克想要接着开旧车，他说服了妻子，开始花钱对这辆车进行维修和保养——换了新轮胎、新刹车、新的消声器，修车师傅让换什么他就换什么。随着花费越来越高，他在每次换新部件的时候都希望是最后一次。他往旧车里投入的钱越多，就越有可能继续投资，因为他的注意力已经从他眼前的这堆金属身上转移到他已经投入的资金上了。

这一现象还有一个特别的名字叫作"沉没成本谬论"，它是坚持的另一个动力源。

屈服于沉没成本谬论

"沉没成本谬论"这个名字很拗口，听起来比实际更复杂、更深奥。通常当我们未来的决策被已经投入的成本所左右时，我们就被卷入沉没成本谬论中。对帕特里克来说那是辆旧车；对不开心的律师珍妮弗来说，是她在攻读法律学位时所投入的时间、金钱和努力，是她在律所待的4年时间，以及成为律所合伙人的潜在希望。沉没成本谬论这一术语来源于经济学，它描述的是在面对已经投入了大量资金却出现问题的投资时，投资者该如何决策。

沉没成本谬论在我们的思维中非常普遍，我们可以从领导人谈论战争或军事上的投入，以及跟普通人谈论投资、就业、房地产、婚姻等一切事情的方式中体会到它的影响。沉没成本谬论是"坚持"的"啦啦队队长"，总是和"放弃"唱反调。

举个例子，虽然美国也承认越南战争按常理来说根本不可能取胜，但美国还是向越南派兵了。美国的领导阶层只会说"如果我们整个国家放弃这次行动，已然逝去的人就白白牺牲了"，他们陷入了沉没成本谬论。

从表面上看，这种想法完全不符合逻辑，怎么能用更多人的生命来证明前人死得其所呢？但因为已经投入了很多，在这种情况下，很多人会试图说明坚持的合理性。这种想法好过"赔了夫人又折兵"，因为人们通常会犹豫不决，不愿意承认他们的投入已然成为损失，或者承担过早放弃的风险。他们往往更愿意在承认失败之前追加投入，因为心中还存有一丝渺茫的希望，想着再坚持一会儿就会得到巨大的回报。强调坚持的文化和需要承担放弃的责任都使沉没成本谬论继续存在。

投入时间和精力，不愿意放弃和承认失败，这些让人们选择坚持到底，也让他们难以重新审视自己所处的环境，发现新的目标，重塑自己。当人们考虑离开一段经营已久的婚姻、一份花费了自己大量时间和精力的工作，或是摆脱其他大大小小的情形时，沉没成本谬论就会影响人们的决策。

损失厌恶心理

你听过"双鸟在林，不如一鸟在手"[1]这句谚语吗？科学研究表明，这句谚语不仅准确地描述了人们的行为方式，还说出了一个真相：人们为了把这只鸟抓在手里，愿意做任何事。

很多事例中都有这样的情况：当人们有可能获利时，人们更倾向于冒险，比如抵押房子等，但事实并非如此。诺贝尔奖得主丹尼尔·卡尼曼和阿莫斯·特沃斯基发现，

1　这句谚语的意思是抓在自己手里的才是真真切切的。——译者注

在我们衡量未来决策时，我们无法做到绝对的公平公正。虽然这听起来令人惊讶，但人们在权衡可能出现的得失时会变得非常保守。人们不太愿意为了获得利益而去冒险，但为了避免损失，他们几乎愿意做任何事。矛盾的是，人们对于损失的厌恶让他们甘愿成为冒险的人。在判断是否要坚持努力时，损失厌恶心理是一个关键因素。

一项完全违反人类直觉却极具启发性的研究显示了人们对损失的敏感程度。实验中被试者要回答他们更喜欢哪份工作：一份工作的薪酬是第一年3万美元，第二年4万美元，第三年5万美元。另一份工作的薪酬是第一年6万美元，第二年5万美元，第三年4万美元。尽管计算起来后者的薪酬总额更高，但人们实际上更喜欢前者那份薪酬逐年增长的工作。

不出所料，人们对损失的厌恶会加剧承诺升级。我接下来要讲的故事就很好地说明了这一现象。罗伯特是传播学领域的专业人士，他能将不同行业的专家聚在一起，已成功完成了许多商业项目，但他做过的事从未让他感到有个人满足感和职业满足感。作为一名热心的环保主义者，他一直想要组建一个专家联盟，汇集他们的专业知识，创建一个倡导可持续性生活方式的全国性平台。他花了六年的时间，致力于招募科学家、工程师、农民、厨师，以及一些已投身到可持续性发展事业中的个人和团体。他想要构建一个主题信息库——方便立即获取书籍、视频、网络信息的平台。让每个人都参与进来需要时间，签署合同需要时间，搭建一个大家都没有异议的可持续发展平台则需要更多的时间，而他的投资者已经签约。

就在这时，两个专业团队突然改变了主意，他们现在想要更多地展示成员的个人能力，而非项目可持续发展的理念。这当然和之前双方讨论的内容有所出入，但罗伯特还是尽他最大的努力让项目继续运营下去。对他们的要求让步越多，罗伯特就投入越多，内部损耗也就越发严重。但一次又一次，让步始终没有缓和矛盾的迹象。

罗伯特很清楚，这个项目已经偏离了最初的方向。即便如此，他仍然认为自己能够继续推进下去。后来他了解到，这两个专业团队向其他专家征求意见，想要自己接管这个项目。更糟糕的是，罗伯特的投资人也正在和他们商谈合作的相关事宜。罗伯特的项目生生被抢走了。

要不要继续坚持下去，大家议论纷纷。罗伯特在传播学方面颇有建树，其他参与者无论多么能言善辩，都不具备专业知识来完成这个项目。这个项目的创意是罗伯特的，他也一直拿出十足的诚意，信心满满。几年来，他为这个项目投入了大量的时间和精力。他完全有理由相信，这个项目的成功能让他的事业更上一层楼，他不会也不能让自己在这个项目上的所有投入付之东流。

直到罗伯特认真考虑要放弃的时候，他才意识到，不断的投入占用了自己所有的心理和情绪资源，而现在无法让他离预期目标更近一步了。几个月来，他不断承诺升级，直到最终被完全束缚住手脚，不得不考虑放弃。

感知价值难题

在追求目标的初始阶段，很少有人能预料到未来会发生的重重阻碍。不幸的是，现实而清晰的思考与坚持未必同行。研究人员发现，在追求目标的过程中遇到困难时，人们会权衡两个因素来决定是否要继续。第一个因素是目标的价值。毫无疑问，人们认为目标越有价值，就越想要坚持下去。第二个因素是对成功的期望强度。对成功的信念越强，一个人就越有可能坚持到底。

这些在表面上看起来很简单，其实还是与人类的天性有关。正如研究人员所发现的，人们受到阻碍而产生的挫败感实际上会让目标看起来比最初更有价值。在一定水平上，投入的程度与目标的不可实现度（以及由此产生的价值）成正比。希腊神话中的坦塔罗斯被惩罚永远无法拿到悬在头顶正上方的水果，这一目标因可望而不可即而变得更为诱人。

我们在生活中的方方面面都能看到这种现象。任何难以得到的东西——爱人、梦想拥有的房子、理想的工作——都因它们难以拥有而让人觉得更有价值。有意识地考虑放弃开启了以其他方式无法看到的可能性，认识到我们为不可能实现的梦想所投入的精力和情感，其实本可以投向一个让我们真正快乐的目标。

不要去想白熊

当我们认为自己在有逻辑地认真思考时，事实可能并非如此。同样地，我们的行为也并非只基于有意识的思维或动机，有时还会受到无意识思维的驱使。这里所说的"无意识"并非弗洛伊德所提出的"所有被压抑的童年记忆和经历"，而是与之完全不同的概念。尽管人类大脑有着惊人的能力，不仅能够写出十四行诗，还能把人送上月球，发明苹果手机，但它的运作方式与我们所设想的并不相同。正如丹尼尔·韦格纳所说："意识的缓慢性表明，我们所看到和进行的大多数事情都涉及潜意识心理过程的操控。"这听起来的确像是大脑在思考，而你并没有意识到，还在基于这个你全然不知的过程照常做着自己的事。

也许你在以上解释中一点儿也看不到人类"意志"的影子，这让你感到不舒服，但事实就是如此。

比如，你要追求某个目标：获得升职，周五请假去打高尔夫，让家庭聚会其乐融融等。如果你把追求这个目标的过程写下来瞧瞧，可能就会是：

A. 明确目标。

B. 思考如何实现它。

C. 制定行动计划和策略。

D. 做出行动。

E. 反思过往行动是如何帮助自己靠近目标的。

大多数人会透过字面意思，认为从 A 到 E 的步骤是人们伴随着一系列深思熟虑的过程有意识做出的。

然而，事实要比这复杂一些，一部分原因是大脑的容量有限。大脑必须对一些事情采取自动反应，否则它们就会占用大脑过多的注意力。有些行为是大脑自动反应的，比如要把车倒出车位，第一次这么做的时候你肯定很紧张，被折磨得筋疲力尽，你扭着脑袋拼命地集中注意力。而当你熟练之后，可能还能一心二用，一边倒车出车位，一边做些别的事——听广播、打电话和想想待会你要先去哪儿。这种自动反应的好处毋庸置疑，但另一个同样自动的过程就不一定了，它超出了我们有意识的知觉范畴，在某些情况下也会自动做出选择。在这个过程中，目标和动机会被情境自动激活，即使我们对此全然不知。

启动效应会影响我们的决策。研究表明，环境中的各种信号或刺激会不知不觉地影响我们的思维、态度和行为。这种启动信号有很多，比如清洁液的气味会让人们更想要打扫卫生，而唤起对图书馆的心理表征会让人们想要压低声音低声细语。在其他实验中，尤其是由约翰·巴奇和塔尼娅·沙特朗开展的实验表明，启动信号和行为之间的相互作用非常直接。例如，在一项实验中，被试者需要使用粗鲁词语（如"攻击性的""大胆的""烦人的"）、礼貌词语（如"尊敬""荣誉""谦恭"）或中性词语来完成句子。在实验的下一个阶段发现，用粗鲁词语启动的被试者比用礼貌词语或中性词语启动的被试者更倾向于做出无礼举动。

但在关于目标和放弃的讨论中，或许更引人关注的是以平常物品唤起心理表征和行为的实验。巴奇和其同事用象征商业世界的物品（如公文包、会议桌、钢笔、皮鞋、西装等）开展了几项实验，想看看这些启动信号能否激活竞争的情境，结果不出所料。在其中一项实验中，被试者需要完成填词，如英文单词c_ _ p_ _ _ tive。在由商业符号启动的被试者中，70%的人填成了英文单词competitive（竞争），而在未经启动的被试者中，仅40%的人填成了这个词。其实，c_ _ p_ _ _ tive还可以被填为英文单词"cooperative"（合作）。

将启动效应诠释得最为淋漓尽致的当数"最后通牒博弈"。在这个实验中，其中一个人要分配一笔钱（比如10美元），另一个人可以选择拿走一部分钱或者退出。实验的关键在于，有钱的玩家必须分出一部分钱，所以，他通常会想在尽可能使对方觉得公平的情况下分出最少的钱。在一个实验中，没有被商业符号启动的被试者全部建议五五分（每人拿5美元），而在被商业符号启动的被试者中，只有50%的人提出要五五分。在另一个实验中，没有被商业符号启动的被试者有91%建议五五分，而在被商业符号启动的被试者中，只有33%的人提出要五五分。"商业意味着竞争"的环境模式不仅改变了被试者对目标的理解，也改变了他们的行为方式。

对于有意识选择的目标和自动选择的目标，类似的实验和脑部扫描结果均没有显示出两者之间的明显差别。正如巴奇和他的同事所说的，目标不仅可以被外界环境信息激活，"一旦有人付诸行动，这些目标还会像人为有意识操控一样运作起来，甚至能够根据一个人达成目标的失败或成功程度，对其情绪和自我效能感造成不同程度的改变"。换句话说，我们对无意识选择的目标和有意识追求的目标的情绪反应非常相似。在下一章，我们会回到这个话题，谈谈这种倾向是如何妨碍我们做出合理的放弃决定的。

如果你觉得这些无意识的激活还不足以说明问题，那么我们来思考一下白熊的问题，它体现了自动性的另一个方面。心理学家丹尼尔·韦格纳曾开展研究来回答最让人们烦恼的问题之一：为什么当我们试图不去想某件事的时候，我们的脑海中会频繁出现这件事？为什么在我们决定节食的那一刻，就会开始不断想到饼干？为什么我们无法控制自己不去想那个抛弃我们的爱人？为什么我们在事后总要怀疑自己放弃的决定是否正确？换句话说，为什么我们主动努力抑制的想法会不断地在脑海中浮现？韦格纳的解释是："这是一种思维控制的奇怪过程，我们的思维实际上在无意识地、自动寻找实际上想要控制的思想、行动或情感。"这一发现是对我们认为自己拥有自由意志的又一次打击。

韦格纳和其同事最早开展了一系列实验，展示了"思维控制的奇怪过程"是如何运作的。在实验中，研究人员告诉第一组被试者在完成任务的过程中不要去想白熊，而告诉第二组被试者先想一想白熊的形象，然后停止去想白熊。结果发现，被告知不要去想白熊的第一组被试者每分钟至少会想到白熊一次以上；第二组被试者在被要求抑制想白熊的这个念头时，他们想到白熊的次数，实际上比他们被要求想到白熊的次数还要多。

事实证明，抑制思想、控制思维会起到反作用，对于那些决定放弃目标的人来说更是如此，尤其是当这些目标对自我意识和自我认同感至关重要，或者对个人具有巨大的情感意义时。

沉溺于舒适区

当我们遇到困难时，我们的习惯会在一定程度上扭曲我们的思维。在前面几节中，我们讨论了思维习惯这一话题，除此之外，我们还会把个人经历和经验代入对于目标的构建、对于成功的评估，以及我们要坚持的意愿中。不管是不是间断性的，正强化都会让人们更加努力。然而矛盾的是，当环境唤起人们童年的痛苦感受或经历时，人们也有可能选择坚持下去。因为虽然这些感受本身会给人们带来压力和痛苦，但它们给人的感觉是熟悉的，甚至可以说是为个体创造了一个舒适区。这听起来完全违反直觉，但却是事实。

舒适区与人类大脑在婴儿期和童年阶段的发育情况有关。在下一章中，我们会更详细地讨论相关的运作机制，以及它为什么很重要。最为显著的一点是，每个人都会对其最为熟悉的情感模式感到舒适，不管它们能否让我们感到快乐。总的来说，不管这些已知模式让我们快乐与否，已知都胜过未知。这种反应虽然不是我们有意识做出的，却会以各种方式影响我们的感知。

在一个情绪健康的环境中成长的人——有着慈爱的父母、和睦的家庭氛围等，不太可能掉入这种舒适区陷阱。他会在接触虐待性或破坏性环境时，较快地做出反应。然而，大多数人的心理经历都是很复杂的，舒适区陷阱可能会让人沉溺许久，不愿放弃。

目标实现需要弹性

当我们已经实现目标，或者曾经长期坚持的目标不再适合我们，我们也无法从中感受到乐趣时，我们就需要更新或是放弃目标了，这时继续坚持就会碍事。盲目坚持的信念有时会让我们忽略自我，不去思考自己想要的东西是否会随时间而改变。当初我们为了实现某个目标愿意做出一些妥协，后来可能会发现，我们根本无法长期坚持下去；或者我们最终的生活根本不是我们想要的生活。这些重要目标可能是我们自己设定的，也可能是受父母的影响，无论是哪种情况，修正目标都是很困难的。

在文化压力和情感压力的影响下，人们最难放弃的目标是那些表面上很成功，却让人在追求的过程中如行尸走肉般并不快乐的目标。有时候，一个目标"过了保质期"是因为它没有达到我们的预期，或者它与新的优先目标有所冲突。正如我们在讨论沉没成本谬论时所谈到的，我们在一个目标上投入的时间越多，就越难放弃。这种挣扎有时候不仅意味着放弃一个重要目标，还意味着放弃某种自我意义。

当坚持的能力与目标脱离能力并不匹配时，我们很难得出可以落地的解决方案，也很难获得对未来不一样的想象。

如何做好平衡

放弃某一目标，这是一种有意识的选择，考虑放弃会削弱大脑中的无意识活动，得以重新构建和评估眼下的目标。有意识地将放弃作为一种选择，对于改变我们看问题的视角很有意义。我们可以从此开启一段旅程，最终放弃无法实现的目标，而明确新的目标，会让自己的生活更为丰富多彩。

将放弃视为一种可行的选择，无法实现的目标恰恰得以解决，这样的故事不足为奇。每个决定都是经过深思熟虑的，就像人们所说的，他们经历了放弃所需经历的全部过程。在一些情况下，放弃所需的过程会持续数月，甚至数年。

对于詹妮弗来说，放弃的过程开始于她考虑换种方式来运用法律经验。她开始积极参与社交和建立人脉，接触了一些不再做律师而在其他领域运用法律知识和经验的人。一旦她开始认真考虑放弃，就不再把这些年的投入看作损失。这种视角的转变让她挣脱了过去的思维束缚，开始探索一些她从未考虑过的方向。后来，她加入了一家非营利性组织，她的专业技能和工作态度受到领导赏识。她每天都很快乐，工作效率很高。

珠宝设计师朱莉逐渐意识到自己生来就不是做生意的料，后来撤走了自己的柜台。她体会到，比起自己当老板，经济稳定和内心平静对自己来讲更为重要，没必要不断去补偿"失去的梦想"。她开始努力推销自己的设计技能，在一家服装制造厂找到了一份工作。朱莉仍在制作珠宝，但更多的是将其看作自己的创作结晶。她还通过自己的网站和工艺品交易会向朋友和熟人出售自己制作的珠宝。

罗伯特最终离开了他创建的可持续发展平台，回到了企业传播领域，这是他的一个短期解决方案。但这一次，他会更想要找到一家服务过大量不同客户的公司。他现在已经对绿色产业很熟悉。尽管他仍在寻找一个符合他长期目标的合适项目，但他清楚如果找到了这样的项目，他会更加密切地关注个人性格和长期愿景之间的交互作用。

以上这些人都承认，自己一开始很难接受放弃这种选择，他们觉得放弃就意味着损失已投入的所有时间、精力和金钱。更重要的是，他们都感受到坚持的文化压力使得目标脱离变得更为困难。其中一些人在决定放弃时得到了朋友和家人的支持，而另一些人却没有。然而，选择放弃，然后设立新的目标，使他们每个人都对自己真正想要的、让自己真正快乐的事情有了新的见解。

本书的目的之一是改变你对放弃的看法，使你了解到，学会放弃对提升幸福感多么重要。另一个目的是帮助你评估，你的目标是否对你有利，在某些生活领域你是否需要有新的规划。本书的每一章都隐含这一观点：设立目标会给我们的生活带来意义和框架感，但很少有人能够实现所有目标。失望和重新振作是人生剧本中的一部分。在很大程度上，掌握放弃的艺术就是学会在必要的时候变得灵活，这样就能应对任何挑战。允许自己放弃，可以获得思想和精神上的灵活性，最终获得更为强烈的满足感。

此外，我们认为，当你需要应对意想不到的人生难题，想要重振精神时，本书所谈到的经验将对你有所帮助。这些人生难题迫使我们修正或是放弃自己最初的目标，比如在事业、人际关系、健康或经济等方面。在这些情况下，即使我们没有改变前进的方向，能够放弃最初目标的能力也会决定我们如何重新抖擞精神，如何设立更易实现的目标，或是给我们带来幸福感和满足感的目标。掌握放弃的艺术极为重要。

研究了人们如何坚持，接下来我们要谈谈为什么传统意义上的放弃与真正的目标脱离完全不同，为什么它完全行不通。

━ 测一测：你对坚持的态度 ━━━

请阅读下列表述，选择同意或不同意，尽量诚实地表达自己对坚持的态度。

1. 我相信事情往往会有好的结果。

2. 我认为放弃是最后一种选择。

3. 别人认为艰巨的挑战反而让我活力满满。

4. 当事情偏离正常轨道时，我很担心。

5. 当得不到想要的东西时，我会更加想要得到它。

6. 我宁愿在一种状态或一段关系中多待一会儿，也不愿过早离开它。

7. 就算感到厌倦或无聊，我也不会放弃已然投入心血的事情。

8. 我天生是个乐观主义者。

9. 我坚信做事要坚持到底。

10. 我常常在事后会陷入自我怀疑的怪圈。

11. 我花了很多时间来谈论自己失败的感情。

12. 别人对我的看法很重要。

13. 如果我丢掉了什么，就会不停地想它或找它。

14. 我不喜欢安于现状，我会一直探索，直到找到真正想要的东西。

15. 成功对我来说很重要。

16. 我很难妥协。

17. 我总是会列出待办事项，并一一完成它们。

18. 感受到压力时，我不太擅长转移注意力。

19. 我认为自己比别人做事更为专注。

20. 我认为放弃是一种脆弱的表现。

对于以上表述，你同意的选项越多，就越可能在坚持方面出现问题，越难放弃不合理的目标。这个测试能帮助你观察自己对坚持的态度。

第二章

不良的放弃模式

令人惊讶的是，人们除了不知道为什么自己花了大把时间做某件事外，对于什么会给自己带来快乐，以及会有多快乐，都没什么想法。许多人都会为自己设立目标，最后发现当初想要的远远不够。我们没有用来许愿的水晶球，因此决定要放弃某个目标并重新开始，是我们必不可少的生活技能。

请注意"脱离"这个概念。许多人在生活中的某些时刻会沉溺于一种情绪驱动式的放弃，目标脱离或者说放弃的艺术与其毫不相干。有些人可能真的习惯了某种放弃模式。如果你发现自己也有某种放弃模式，那么在开始学习放弃的艺术之前，你需要好好地了解一下。

当然，以下几种放弃模式并非是对人们各种放弃模式的科学描述。它们只是为了唤起你的回忆，让你了解到自己的行为方式和放弃模式的方方面面。

逃避式放弃

我们曾在第一章中提到习惯选择放弃的人，这里值得再次回顾，因为当人们听到放弃的时候，脑海中很容易浮现这种"逃避式放弃"的形象。这种放弃的模式通常发生在遇到人生阻碍，或者现实情况对人们提出了更高的要求时，人们往往不再参与问题解决，最后选择慢慢放弃。这种放弃实际上会成为人们的一种生活模式，并泛化到其参与的各种活动中。通常这些人很少能真正做完某件事。

对决式放弃

对决式放弃是指一种装腔作势、赢者通吃的放弃。这种方式通常将放弃标榜得光荣而伟大，让人在道德或其他方面觉得放弃很有必要，强调如果你选择继续坚持就可能会失去某些东西，比如"我选择放弃，是因为对我来说诚信更为重要 _{（我不想失去诚信）}"。该句中的"诚信"虽可以替换成其他词，但底层逻辑都是一样的。这种放弃模式让人站在道德高地，它吸引人的一个原因是，可以与放弃的文化压力做一定对冲。

一个众所周知的例子是，高盛的经理格雷格·史密斯在任职12年后渐渐发现，比起客户的利益，投资银行更关心自己的利益，于是他在《纽约时报》上宣布辞职。史密斯的这一举动给他带来了7位数美元的稿酬，但对大多数人来说，这种对决式放弃虽然能暂时性地为个人带来满足感、提升自尊，但会对个人的职业生涯发展造成巨大的损害。要是还指望有人推荐你去别的公司，或是不想转行，这绝非一个明智的选择。

在人际关系方面，特别是在离婚情境中，对决式放弃几乎肯定会带来广泛的连带伤害，因为离婚双方都会将对方塑造成坏人，中间立场就会渐渐消失。有知名度的公众人物离婚往往会演变为对决模式，双方都试图对公众舆论施加影响，让事情朝着对自己有利的方向发展。如果你觉得现实中的对决式放弃像是某种黑色幽默，那么去租一张《玫瑰战争》的影碟慢慢欣赏吧。

追根究底，情感上的不诚实是这种放弃模式的内在特征，因为选择放弃的人可以不必对之前的行动或行为承担任何责任，也不必对放弃本身承担任何责任。这一切都以放弃的必要性和伟大性做粉饰。结果就是，对决式放弃不太可能给个人带来真正的成长或快乐，也不太可能带来新的机会。一番斗争后，最终留给你的只有一个烂摊子。

假装式放弃

假装式放弃不只包含一种放弃模式，而是围绕着相关主题，有很多不同的变体。但所有模式的假装式放弃，看上去都像是在催人走向放弃的出口，实则让他待在原地。习惯假装式放弃的人可能会做出各种行动来暗示自己的目标脱离，比如暂时停止一段关系、设立新的界限，或者建议各自采取不同的行动，但他最终还是会选择退出。在长期目标、职业发展和人际关系方面，假装式放弃一直表现活跃。假装式放弃是在维持冲突而非终止冲突。

母女之间、父子之间、兄弟姐妹之间，紧张的家庭关系有时会发展成一种周期性的假装式放弃，让人难以做出情感上的决定，甚至连缓和家庭关系都变得难以实现。对伴侣不满却又不愿孤身一人、讨厌上班却喜欢薪水等各种矛盾和冲突的情绪让假装式放弃慢慢演变为一种不完全放弃，让人感觉特别受挫或是非常麻木。尽管当事者已经非常明确地表达了"放弃"这一需求和渴望，却还是无法采取行动。假装式放弃通常会演化为一种僵持模式，让人原地踏步，既不能采取行动，也找不到合适的解决办法就选择放弃。有时候即使有解决办法，也无法解决冲突。

假装式放弃或者说"不完全放弃"也指一个人在离开某种处境、某段关系，或放弃了一个长期的目标后，仍像以前一样不断地思考或反刍的情况。比如，在约会时花了大把时间谈论前夫的女人、在新工作的面试上屡次说前雇主坏话的员工，以及放弃了一项追求却总是在情绪上沉湎于此、再无能量前进的人，这些放弃的模式都是假装式放弃。旷日持久、诉讼激烈的离婚案件往往是一两次不完全放弃的结果。尽管双方看上去已然决裂，但彼此都还在全力投入，希望自己是赢的一方。顾名思义，假装式放弃让人仍然处于事件中，无法脱离。

威胁式放弃

威胁式放弃可以用一句话来解释："如果你不这么做，我就选择放弃。"你可以用任何事来替换句中的"这么做"，威胁式放弃根本不是真正的放弃，它只是一种以放弃为威胁手段的操纵方式。通常，威胁对方的人并不想真正结束双方之间的关系。在工作场所中，老板们对这种放弃模式非常熟悉，员工有时会用这种方式作为升职加薪的一种策略。威胁式放弃有时短期确实有效，但它绝非一个明智的长期策略，最终总会有人屈从于这种威胁，这时放弃便失效了。在人际关系中，威胁式放弃通常是消极对抗行为模式的一部分，其中一方会暂时缓和另一方的情绪。威胁式放弃通常与权力有关，严格来说，这种方式并不是一种健康的社交互动模式。

失踪式放弃

失踪式放弃是一种真正的放弃，特点是放弃者没有任何解释，却无故悄悄消失。虽然有时候这种失踪行为意味着毁灭（"这根本不配作为我的目标！"）或惩罚（"我什么也不做，团队会来收拾我留下的烂摊子！"），但在大多数情况下，失踪式放弃暴露了消失者缺乏直面困难的勇气或决心。放弃模式恰恰印证了我们的文化整体上对放弃有一种消极看法，这对于放弃者来说并非好事，因为在这种模式下，放弃被看作一种利己行为，无法帮助放弃者进入全新的领域。放弃者虽然已经偷偷走开了，但肩上还担着沉重的包袱。

随着数字通信的出现，失踪式放弃已经成为美国青少年首选的分手方式，因此社会上甚至出现了一些针对中学生的研讨会，讨论为什么通过短信或是社交媒体分手并不健康。永远"网络在线"的千禧一代也是一样，他们有时会利用短信和电子邮件从一份工作或一段关系中"消失"，因为这种电子化方式能够很简单地避免冲突。然而这不是什么好事，失踪式放弃带来大量隐患。

爆发式放弃

爆发式放弃一般发生在人们无法忍受的最后一刻，"最后一根稻草压死了骆驼"。在工作、爱情和生活中，这可能是最具自我毁灭性的放弃方式，因为这时人们完全处于一种被动的、情绪激烈的、缺乏现实计划和有意识的思考状态。不管放弃者有没有摔门而走或者做出什么其他过激行为，就算他最终离开了，这种情绪爆发都会给他留下一个烂摊子，以及一个充满情绪和裂痕的未来。有些老板对员工不满意，又不想支付失业保险，不愿意主动解雇员工，这时他们会试图激怒员工，引发其爆发式放弃。一名公司高管可能会玩弄"权力的游戏"，试图引起另一名高管的爆发式放弃。

虽然这种放弃模式确实能把你从深陷的泥淖里解救出来，但它不会为你指明清晰的前进方向，而会让你变得没有后路可退。这种爆发式放弃通常是人在经历了长时间的压力、沮丧和激动的情绪后发生的，因此它很容易让你陷入长时间的事后怀疑、思维反刍，甚至还会使你陷入深深的悔恨之中。在大多数情况下，爆发式放弃与真正的目标脱离都是背道而驰的。它是一种与对决式放弃一样糟糕的放弃模式。

口是心非式放弃

我们也可以把口是心非式放弃称为自欺欺人式放弃，因为它的特点就是表面上假装没有放弃，甚至在放弃的路上也承诺要继续投入努力。有很多合作项目经常受到口是心非式放弃的影响，这些项目从中学生的共享社会研究报告到成人世界的商业伙伴关系，不一而足。通常，这些项目受到影响的原因是放弃者不愿意承认自己想要退出。口是心非式放弃在一定程度上要归咎于放弃的文化压力。当然，也有一些其他因素。

为何是不良的放弃模式

以上我们谈到的所有放弃模式都是不良的放弃模式，无法让我们做到真正的目标脱离。这些放弃模式最多能在表面上切断人们对目标的追求，但还是会保留使人们以各种形式坚持下去的机制。它们无法为创造新的目标和可能性提供前进的动力。

最重要的是，这些放弃模式并不能改变或有效抑制那些使我们坚持为目标、追求和关系而投入的思维（或大脑）习惯，也无法与那些我们无法控制的侵入性想法做斗争。这些放弃模式会让我们以这样或那样的方式陷入困境。它们无法改变我们看待事物的方式；不会帮助我们解决利益冲突；当我们放弃一些曾经以为会给我们带来真正快乐的事情时，它们也不能帮助我们管理那些就要淹没我们的情绪；它们不会阻止我们反复思考事情本应如何发展，也无法帮助我们避免事后的自我批评；它们没有帮我们开辟一条新的道路，激励我们设立新的目标，也没有搬走旧目标这块"绊脚石"；它们不能帮助我们修正目标，重新出发。而真正的目标脱离可以帮助我们做到所有这些，甚至更多。

绊脚石

即使我们放弃了努力，人们问的第一个问题也是"你努力过吗？"。当一对夫妇说他们要离婚了（离婚越来越常见了），不管是朋友还是陌生人，都可能想问这对夫妇是否尝试过婚姻咨询。能被我们的文化所接受的一个答案是"我们努力过了"。这至少证明虽然他们之间的关系已然破裂，但他们努力过，因文化观念所带来的压力会减轻一些。要是这对夫妇的回答是否定的，人们会怎么想、怎么说，可想而知。实际上已然决定放弃，可这时如果表现出一丁点儿缺乏毅力，我们就会很容易觉得羞愧，甚至觉得天理难容，需要不断去解释自己为什么会这样。为了让生活向前，我们做出了许多努力，可遗憾的是，我们会发现，自己正在不知不觉地妨碍自己。

蒂姆就是这样的人。他年近30，毕业于常青藤盟校的法学院。在我们所处的合作型文化背景中，他有着成功人士的标配：受过良好的教育、有魅力、有智慧，以及从加入大学校队开始建立的良好的团队合作精神。为了成为律所合伙人努力工作4年后，他意识到，尽管他喜欢这份工作的某些方面——能够四处出差、与正在开拓新业务的客户商谈，但他对于起草合同的具体细节和琐碎事务实在不感兴趣，而这正是他主要的工作任务。一方面他想要自己创业，另一方面又担心老板发现他心猿意马。于是，蒂姆参加了一次心理咨询。在心理咨询师的建议下，他开始与人展开信息访谈式会面，想要了解自己下一步该如何发展。他有着良好的社交网络——广泛的朋友圈、熟人圈，看起来前途一片光明。

这些会面通常能够为其他的会面打好基础，从而引介真正的面试和工作机会。然而奇怪的是，蒂姆的这些会面最后都走入了死胡同，朋友们没能为他指明前进的道路。这是为什么呢？原来，蒂姆在和他们交谈的过程中，总是会说上一两句自己多么后悔读了法学院，又抱怨自己浪费了4年的时间，以及他是如何毁掉自己的职业道路的。换句话说，他以一个放弃者的形象示人，同时又在为自己的这一行为感到抱歉，没有整合自己的资源和优势，让人觉得他可以为公司做出很多贡献。当然，蒂姆不是有意这样做的，他还没有意识到自己的问题所在。

自从蒂姆意识到自己的行为表现不妥之处，不再将自己定义为一个放弃者时，他开始得到别人的引荐以及面试机会。最终，他能够以自己想要的方式重新规划职业道路了。和蒂姆类似的案例并不少见，文化压力虽然看不见摸不着，但它能量巨大，影响广泛。

相关的心理学理论

尽管我们在日常生活中常常使用"目标"这个词，但还是有必要对这个词展开更为具体的讨论。究竟什么是目标？为什么目标如此重要？由于目标会指导人类的行动，那么理所当然，人类应该是目标导向的。人类最初追求的原始目标比现在的要简单得多，身处21世纪，我们脑海中的目标实在是纷繁复杂。人类曾经一辈子只需要做几件重要的事，主要以生存为主——寻找食物、水源和住所，繁衍后代以及加入族群。而现在的我们几乎每个当下都有很多目标，对于不同的目标我们投以不同程度的关注。有些目标非常简单，往往自己还没意识到就已经实现了。（如果你的目标是开车去上班，就会有很多过程目标，比如起床、梳洗打扮、喝咖啡、吃早餐、带上一天所需的东西、锁上门、启动汽车，这些过程目标都在推动我们实现开车去上班这个目标。）

目标既可以是内在的，也可以是外在的。内在目标源于我们的内心，由我们已有或期待的自我心智图像和当下愿望激发。正如理查德·瑞安和爱德华·德西所说的："内在动机和外在动机之间最基本的区别就是，内在动机是指一个人做某件事是因为这件事本身让他感到有趣和愉快；外在动机是指一个人做某件事是出于它所产生的某种结果。"不出意料，由内在动机趋向的目标能让人更有创造力，付出更多努力。

内在目标可以是抽象的个人奋斗和自我发展（比如，变得更为善解人意，捍卫自己的权利，结交新朋友，变得更加文雅，或是获得内心的宁静等），也可以是某些具体的目标（比如，将自己打造成知识分子或好员工的模样等）。而外在目标来源于外部世界，它们可能是别人想让我们做的事（比如，成为一名勤勉认真的学生，成为像爸爸一样的律师，成为一个更好的配偶等），也可能来自周围环境中的一些非社会性因素。正如瑞安和德西所说的："与内在动机相比，外在动机通常被勾勒成一种苍白而贫乏的动机模式，即使它力量强大。"我们在后面的章节中会关注到目标的规划，为你解答一个目标对你来说是内在目标还是外在目标，这将能极大地帮助你理解自己是否需要放弃，以及更为重要的下一步——要去哪里。

有些目标是短期且非常具体的（比如，去拿干洗的衣服，买猫砂，送孩子上学，给戴夫叔叔寄张生日卡片或支付账单等），还有一些目标是中期目标，有时会将抽象目标和具体目标相结合（比如，多锻炼身体以保持健康，努力控制情绪来让家庭聚餐顺利进行等）。当然，还有一些长期的成就目标（比如，读法学院并成为律师事务所的合伙人，挣很多钱，买艘船航行到斐济，找到陪伴自己度过下半生的伴侣）。在心理学理论中，成就目标被划分为三个类别：一是掌握关注目标的能力或是某一领域专长的发展；二是成绩趋近目标，追求在能力或专长上比别人出色；三是成绩回避目标，避免能力比别人差。

我们每个人在一生中既有成绩趋近目标，也有成绩回避目标。我们会因为某一目标所带来的好处而选择追求这一目标，好处可能是得到我们想要的某种状态或结果。这些目标被称为趋近型目标，我们会采取行动来实现或接近我们想要的结果。它的原理是"如果我做了X，那么Y会发生"，这里的X和Y分别指采取的行动和想要的结果。趋近型目标可以是具体目标（如果我对她微笑，引起她的兴趣，她就会和我约会），也可以是抽象目标（如果我学会一门语言，人们就会觉得我更有文化一些）。同样，我们设立一些回避型目标是回避某些不想要的结果。它的原理是"如果我不做X，那么Y不会发生"，这就是为什么有些人从不吸烟，也有些人选择戒烟的原因。趋近型目标和回避型目标都在人类生活中起着重要作用，对其他物种，比如现在正坐在读书的你脚边的宠物猫或宠物狗，或是看到狮子在水池边而选择暂时忍住口渴的羚羊，也同样重要。正如约翰·巴奇和其同事的研究所揭示的：在大多数情况下，人类会自动地常常是无意识地对进入视野的事物进行分类和评估，有时是从积极视角，有时则是从消极视角。这种反应植根于人类和其他物种的生存思维。

安德鲁·艾略特和托德·思拉什认为，趋近型目标和回避型目标也可以用来描述一个人的性格。在涉及目标领域时，这种分类可能会构建出一种不同的，甚至比"大五人格"模型更为有效的人格模型。艾略特和思拉什认为，有着趋近型性格的人对积极的、理想中的目标更为敏感。他们会对这些积极的目标在情感和行为上都表现出接受性，倾向于追求这些目标。而有着回避型性格的人则倾向于对所有情境中的消极目标做出反应，以回避为原则选择目标，更多地关注环境中的消极因素。

趋近型人格和回避型人格并非积极或消极地看到一杯半满或半空的水，而是反映了一种人生取向，它跨越了作用于不同情境、事件，甚至是不同人和关系上的情感、认知和行为。事实上，无论是趋近型人格还是回避型人格，人的取向都是非常固定的，会从一个领域跨越到另一个领域，并且在生命全程中保持极高的一致性。关于这些观点可以参阅艾略特和其同事展开的系列实验。

　　假设有两个人，他们的目标都是与某人建立友谊。其中一人有着趋近型动机，他觉得结交朋友可以建立令人满意的社会关系，与朋友共享秘密的关系能让自己对社交和情感问题有更为深入的了解；另一个人有着回避型动机，他想要交朋友只是为了避免孤单和被社会孤立，不想自己不受欢迎、被他人拒绝，不想在一个人人都有朋友的世界中显得格格不入。如果这两个人试图相互建立友谊，那么结果可想而知，随之而来的将是无尽的误会和失望。尽管与人建立友谊这一目标在表面上看是相同的，但其背后的动机却大相径庭。如果两人要建立的是更为亲密的关系——情侣、爱人，动机的重要性就会更为明显。

　　这两种动机之间的区别及其催生的结果有着明显的不同。正如艾略特所说的："回避型动机在结构意义上来讲是有局限的，因为本质上它只会导致负面结果的消失（回避型动机生效时），或是负面结果的出现（回避型动机未生效时）。"它更能说明问题（也许令人沮丧）的是："回避型动机旨在维持生存，而趋近型动机旨在促进发展。"

　　即使没有危险，切换到"生存模式"——畏惧水池边的狮子而不敢上前可能会让羚羊渴死，不仅意味着会失去许多成长和发展的机会，甚至还会让人或动物离其想要避免的结果更近一步。

是什么让一些人倾向于有趋近型目标，而另一些人倾向于有回避型目标呢？答案是童年的经历——是的，要回溯到学龄前时期——以及成长经历，尤其是对于父母或养育者的依恋。我们将在下一章对这一主题展开讨论。

相互冲突的目标

人类的本性和欲望是复杂的。不幸的是，并非所有的目标都是平等的，它们之间也并非总能相互兼容。男女都一样，所有持续的文化对话都在谈论相互冲突的各种目标：平衡各种需要或愿望，成为一个悉心照料孩子的可靠家长，在不牺牲人生某一方面的情况下追求另一方面，在不忽视自我和需求的情况下经营一段亲密关系，等等。相互冲突的矛盾具有危害性。这些矛盾可能给人带来情绪困扰、幸福感的丧失，以及身体健康问题，因此真正的目标脱离能力是一项重要的生活技能。

心理学家罗伯特·埃蒙斯和劳拉·金开展了一系列实验，检测相互冲突的个人目标的影响。被试者需要列出一份包含15项有着趋近型动机或回避型动机目标的清单。（被试者都是大学生，他们给出的关于回避型目标的例子包括避免依赖男友、不去散播谣言等。）

他们手里拿着清单，需要根据要求回答哪些目标之间存在冲突，实现一个目标"对另一个目标是有利、有害，还是没有影响"。最后，被试者被问及矛盾心理：成功实现一个目标而没有实现另一个，是否会让他们不快乐？埃蒙斯和金在1年后对这组被试者进行了跟踪回访。

研究结果并不让人意外，结果显示人们对与某个目标相冲突的目标感到最为矛盾。冲突和矛盾心理与我们的心理健康和身体健康息息相关。

在第二个实验中，被试者在列出目标并记录了冲突和矛盾的目标之后，需要连续21天每天填写两次情绪报告。他们列出了积极情绪（如幸福、快乐、愉悦等）和消极情绪（如不开心、愤怒、焦虑等）。随后，这些数据与他们几年前以及近几年的自我健康报告相关联。第三个实验是让参加过第一个实验的被试者在随机响起的提示下报告他们的想法和行动。

埃蒙斯和金的发现反映了冲突性目标的成本和目标脱离的价值。他们首先发现，当个人的不同目标之间有冲突时，人们会对目标做出更多的反思，而采取更少的行动，这是另一种"陷入困境"。"冲突似乎会让行动产生停滞效应，冲突与人们幸福感的降低有关。"正如研究人员所说的，目标之间的冲突除了让人们陷入困境之外，还会对人们的身心健康造成损害。

事实证明，未脱离的目标之间的冲突会让人生病，更不用说，它会让人很不快乐。琳达和乔治的故事就展现了相互矛盾的冲突在现实生活中的影响。

62岁的琳达和65岁的乔治已经结婚18年了，他们的生活模式和其他伴侣有些不同：琳达住在圣地亚哥，而乔治住在旧金山，所以他们经常往返于两个城市，但这还不算是他们生活中最特别的地方。他们在科罗拉多有一处房产，俩人都是第二次进入婚姻，刚开始他们的孩子都不到法定年龄，所以他们分别生活在各自的居住地。现在孩子们都长大了，但琳达和乔治的工作和生活习惯还是让他们想要暂时住在各自家里。他们过着平行的生活，会在周末或者度长假时有所交织，平时也会打打电话、发发邮件。他们计划退休后再搬到一起生活。

虽然他们的生活中不会出现大多数同居伴侣所熟悉的日常琐事，但也很难说毫无压力。乔治花钱大手大脚，琳达则更关注储蓄和未来规划。多年来，他们在金钱观上的不同引发了多次激烈争吵。通常是琳达发现乔治没有和她商量就花了一笔钱，就会和乔治产生激烈的冲突。比如，乔治卖掉了家具和一些贵重物品，把用于退休后养老的钱拿来干别的，在他的兴趣爱好上常常超支等。琳达起初一直在寻找解决办法，但她现在越来越厌倦和乔治争吵。生活就这样继续着，他们之间的冲突从未得到根本解决。两人临近退休时，关系越来越紧张了，特别是琳达发现乔治已经身负超过六位数美元的巨额信用卡债务。由于这笔债务利息很高，乔治的经济状况越发拮据。

琳达尝试了很多办法，比如进行婚姻咨询，但乔治一直拒绝接受她的建议。乔治觉得既然钱是自己赚的，就应该随心所欲地花。他对琳达提出的共同规划开支的建议感到很生气。琳达为他们未来的经济状况以及退休后的生活感到担忧，独自承受着巨大的情绪痛苦。但追求经济上的保障并非她唯一的生活目标，情感联结和家庭对她来说也同样重要，她也害怕自己孤单度过余生。因此，当她考虑离开乔治的时候，她会突然想到一些其他目标而陷入困境。琳达被自己的担忧和乔治的行为弄得很不开心，却又无能为力。

相互冲突的目标让人们陷入困境，丧失解决问题的希望，除非能够实现目标脱离。和琳达一样，很多人也有着相互冲突的目标，如工作满意度与收入情况，有一个稳定的家庭，找到能满足自己情感需求的真正伴侣，等等。

没有目标脱离的能力，人们就会一直生活在冲突中，很难健康快乐起来。幸运的是，真正的目标脱离是一种可以培养和习得的技能。

第三章

了解放弃的艺术

现在你已经意识到，虽然我们的文化总是在告诉我们，放弃是最简单的出路，但真正的目标脱离并非如此简单。目标脱离可以同时发生在四个层面：认知层面、情感层面、动机层面和行为层面。通俗来讲，就是思想、感觉、动机和行为四个层面。在描述和解释这些层面后，我们就能明白想要在动机和行为上做出改变，完全依赖于能否做到认知和情感脱离。

想要做到目标脱离，必须颠覆我们许多自动的、习惯性的思维过程。这些思维过程总是驱使我们无论如何都要坚持不懈，对抗文化压力。无论在哪个层面上做到放手，似乎都并不像看上去那么容易。

认知脱离

认知脱离是指清除我们大脑（准确地说，是工作记忆）中侵入性想法的一种脱离模式。在这里，"不要去想白熊"（也就是我们在第一章中提到的自动思维过程）以及其他形式的反刍性思维开始运作了。它们让我们的想法不断像旋转木马那样转圈，无法锁定一个新的方向。为了在认知层面上学会放手，我们需要管理好那些具有侵入性的"白熊"。这些想法可能是一种成见：只要我们坚持下去，或者反复想想这件事，做些改变，我们就有可能成功了。你有过补牙或是牙齿松动的经历吗？无论怎么努力地克制，你的舌头总是想要去舔舔那颗牙。白熊思维就是这样，总是自动发生。丹尼尔·韦格纳认为，由于大脑总是在搜索人们想要控制的思想、行动和情感，"思维控制的奇怪过程"实际上可以创造出大脑所搜索的心理内容。这就造成了我们不想要的一些想法总能在大脑中重现。

韦格纳和同事们开展了大量研究，看看有什么办法可以阻止白熊思维频繁出现。他们的发现与我们所提出的认知脱离策略有关，他们非常关注（尽管答案很明显）为什么这些侵入性想法让人如此难以摆脱。研究人员进行了测试，如果把注意力集中在一个干扰物上，这时引入另一个想法，能不能阻止"白熊思维"的入侵呢？一些被试者被告知要抑制自己去想白熊。只要一想到白熊，他们就立马把注意力集中在一辆红色的大众汽车上。结果表明，虽然红色大众汽车没能抑制他们联想到白熊，但确实抑制了他们之后对白熊的关注。将注意力集中在某个具体的事物，比如一辆红色的大众汽车上，而非随机事物上，让被试者通过与红色大众汽车建立联系，阻止了白熊的"再次造访"。这种注意力集中物的设置消除了研究人员之前观察到的反弹效应。

我们能从中学到什么呢？韦格纳认为："如果我们想要抑制一个想法，最好的办法就是专注于另一个想法。我们所需要的干扰物应该是我们从心底里觉得有趣的，能够吸引我们的，即使它不能让我们感到愉快，但也不会让我们感到无聊或是费解。"我们将在下一章看到，这样不仅能够让你专注于干扰物，还能找到一个新的目标，这是整个过程的关键，这意味着你能从一个旧的目标中脱离出来，然后投入一个新的目标。

可白熊思维并非唯一迫在眉睫的问题。事实证明，你为摆脱那些让你分心的想法所投入的精力，实际上都会削减你在其他事情上投入的能量。罗伊·鲍迈斯特为这种现象创造了一个术语——自我损耗，当然我们也可以像他在其畅销书《意志力》中所说的，简单地称其为"意志力"。不管你称它自我、自己，还是意志力，它都不是一种无限的资源。当人们试图控制自己的某种冲动或是想法时，一般都会付出一些代价，使得控制其他冲动、想法或行为的能力得以削弱。自我更像是一种有限的能量来源，当它起作用时，它其实就是一种大脑能量。尽管现在媒体很喜欢强调人类擅长多任务处理，但包括鲍迈斯特的研究在内的一些研究发现，情况恰恰相反。

鲍迈斯特及其同事所开展的实验在设计上非常简单。

研究人员让被试者在参与实验之前禁食一段时间，之后把他们带到一个能闻到新鲜出炉的巧克力饼干香味的房间，桌子上放有几碗饼干和萝卜。一组被试者被告知可以吃饼干，另一组被试者被告知不能吃饼干，但至少要吃三块萝卜，其余被试者被告知什么都不能吃。之后，所有的被试者要解答一个他们不懂且实际上没有答案的难题。结果发现，那些既要抵抗饼干的诱惑又要吃萝卜的被试者最早放弃了解题，远比吃了饼干和什么都没吃的其他两组被试者要早。那些既要抵抗美味的诱惑又要吃难吃的食物的被试者也更多地出现了倦怠状态。鲍迈斯特的结论是，用来控制一个冲动的能量会削减用来控制其他选择和行为的能量。

鲍迈斯特和其同事还进行了一些其他实验，所有这些实验都证实了自我损耗模式的存在。这种模式的形成是由于被试者不仅一直在试图自我控制（不吃饼干，或者只吃萝卜），还在试图做出选择。在一个实验中，被试者被分为三组，其中一组需要诵读一篇主张大学学费上涨的稿件。这些被试者都是大学生，我们可以假设没有人赞成学费上涨，这样比较合理。第二组被试者（被称为"高选择组"）拿到的材料中既有支持学费上涨也有反对学费上涨的稿件。研究者鼓励他们诵读支持学费上涨的稿件，但最后的选择权在他们自己手上。第三组被试者不需要诵读任何稿件。之后三组被试者要解答在抵制诱惑实验中出现的那道没有答案的难题。结果显示，没有选择权（必须诵读一篇他们不赞同的稿件）的被试者和没有诵读任何稿件的被试者一直坚持努力解题，而需要在两种稿件之间做出选择的被试者较早放弃了解题。因此，鲍迈斯特和其同事得出结论："选择行为也会减少用于自我控制的有限资源。"

其他实验表明，抑制情绪也会导致自我损耗，这是人们在考虑巧妙地放弃时需要知道的事情。接下来的实验不仅对认知层面的放弃有所启示，也能让人反思自我情绪管理状况。情绪管理也是放弃的艺术重要的组成部分。鲍迈斯特和其同事将被试者分为两组，实验组的被试者会观看一段视频，研究者告诉他们要抑制自己的情绪，他们在观看视频的过程中的表情会被记录下来；控制组的被试者也被告知，在观看视频的过程中他们的表情会被记录下来，但他们可以任情绪自然流露。两组中分别有一半被试者观看的是罗宾·威廉姆斯的即兴表演选段，另一半被试者观看的是电影《母女情深》中女儿死于癌症那段催人泪下的场景。观看结束休息十分钟后，被试者被问及在观看过程中遵守情绪指令的困难程度，稍后再解13个字谜。结果发现，试图抑制情绪的被试者报告显示，在观看过程中很难根据指令抑制自己的情绪，这一组在字谜测试中的表现也明显较差。

最近一项对自控行为的大脑研究显示，自我损耗并非只是一个理论上的概念，在后面的章节，我们将更详细地讨论这项研究。现在，我们来重点看看达特茅斯学院的迪伦·瓦格纳和托德·希瑟顿的一些发现。他们发现，试图自我调节的被试者的大脑核磁共振成像结果显示，其杏仁核[1]和前额叶皮层的活动增加了。

大脑对坚持的控制也会在完全无意识的水平上阻碍认知脱离，这被称为蔡加尼克效应。布卢玛·蔡加尼克于1927年进行的实验首次证明了大脑是如何处理未完成的事务的，特别是那些有意识地选择但还未实现的目标。这一实验已被多次成功重复。研究人员请被试者完成拼图，其中一些被试者中途受到干扰不能在规定的时间内完成拼图，因为被安排去完成其他任务了，这是为了将他们的注意力从初始目标中分散，转移到另一个目标。当被试者接受测试时，就算研究人员告诉他们不要多想，他们想到未完成任务的频率也是想到其他任务的两倍。蔡加尼克效应解释了为什么很多人在想要放弃一个目标或脱离一种情境

1　大脑中负责管理情绪的部分。

时总会陷入某种循环，就好像潜意识总是在催促他们回去完成未完成的事。

同样，这并不意味着我们对侵入性想法没有办法，只是强调了我们需要系统地考虑我们的思维习惯。我们将在后面的章节中探索如何管理侵入性想法。埃默尔·詹姆斯·马西坎波和罗伊·鲍迈斯特近期的研究成果为蔡加尼克效应及其调控方式提供了新的思路。他们的第一个实验测试了侵入性想法能否被消除。研究人员让第一组被试者写出他们在未来几天内要完成的两项重要任务，并说明如果没有完成这些任务会怎样。被试者还要从1到7中选择一个数字来评估任务的重要性。第二组被试者得到的指示与第一组基本相同，但他们要想出完成这两项任务的方法和计划。第三组被试者（对照组）只需写出两项要完成的任务即可。之后，所有的被试者被要求阅读一段畅销小说，研究人员针对小说内容对被试者进行测试。

马西坎波和鲍迈斯特发现，为任务制订计划的第二组被试者不会受侵入性想法的干扰，实际上他们报告的侵入性想法并不比那些只需写出需要完成的任务的第三组对照组的被试者多。更重要的是，为任务制订计划的第二组被试者在阅读测试中表现得更好，比详细地写出未来要完成的任务的第一组被试者更为专注，更少分心。这项实验的关键是，没有任何计划被实际执行，被试者也没有真正完成任务。显然，仅仅是制订计划，而不需要有实际的进展，就足以削弱蔡加尼克效应。

研究人员开展了进一步研究，探索无意识是如何一步步接近目标的。研究结果同样表明，制订计划能够减少侵入性想法的干扰。另一项实验研究表明，当人们制订计划来完成实际上想要实现的目标时，即使在做一项不相关的任务，他们也会有更少的侵入性想法。尽管制订计划有助于抑制不想要的侵入性想法，但是另外两个实验发现，制订计划在缓解未实现的目标所带来的情绪压力和焦虑方面成效甚微。

重要的是，尽管通过制订计划来实现目标有助于抑制侵入性想法，但这一行动并没有改变情感相关内容。然而，制订计划确实开启了动机和行为过程。

事实证明，当涉及情绪管理时，人们会动用他们用于自我控制和管理想法的有限资源。

情感脱离

情感脱离是放弃的艺术的一个方面，涉及管理和调节那些因放弃目标而带来的不想要的情绪。我们已经看到，在蒂姆的例子中，他对放弃的消极情绪影响了他的自我介绍和在潜在雇主面前的表现。沮丧感、无法胜任感，甚至抑郁情绪都会频繁地随着放弃行为而出现，以至于有人认为，抑郁实际上不是目标脱离的一个组成部分，而是一种正常现象。

埃里克·克林格在1975年发表的开创性文章中指出，放弃一个目标会产生一个连续的、可预测的情绪循环，就像努力追求一个目标会产生自己的情绪循环一样。他明确了目标设定的四种后果，认为这些后果会影响行动、想法、内容、对于目标相关线索的敏感性，以及目标相关刺激的感知特点（或者至少是对这种特点的记忆和解释）。他主张，放弃一个目标同样具有一个连续的脱离周期，而非随机的或者高度个性化的反应。这种脱离周期这样展开：努力地重新振作起来（不相信目标无法达成，因此要重新行动起来）；具有攻击性（对放弃目标表示抗议或指责）；抑郁之后恢复正常，为新目标而行动。这些步骤并非彼此独立，也不一定严格遵循这一顺序，但它们的发生非常连贯。克林格还指出，不同人的脱离周期在持续时间和强度上有很大的不同，从能很快恢复心情的小小失望（下午五点的会议结束得很晚，我赶不上比利的足球比赛了）到难过的心情会持续好几个月的事件（我的挚爱离开了我，我十分难过；或是我丢掉了工作，对自己的未来感到担忧），不一而足。克林格写道："在大多数情况下，抑郁是一种正常的、适应性的、非病理性的过程，尽管它让人心烦，但我们无须担心抑郁个体在心理上的生命力。"他进一步说，"抑郁可以被视为一种重要的信息，人们可以从中制订出自我实现的新计划。"

在这里，我们并非想要忽视或低估临床抑郁症会使人衰弱这一事实。我们只想指出，悲伤实际上是放弃一个目标会产生的正常反应。"强颜欢笑"并不健康，还可能适得其反。巧妙而有意识地放弃需要我们允许自己感受目标脱离，然后努力调节这些感受，而非抑制它们。克林格认为，抑郁是放弃的必要组成部分。

众所周知，我们已经看到，在某一方面努力抑制情绪，进行自我控制，会削弱我们在另一方面的表现。以下研究探索了，当我们这样做时大脑会发生何种变化。迪伦·D. 瓦格纳和托德·F. 希瑟顿测试了自我调节的有限资源模型。他们让实验被试者在进行功能性神经成像的同时观看带有情绪元素的电影（如积极情绪、消极情绪、中立情绪），之后完成一项带有难度的注意力控制任务（在看电影时忽略屏幕上闪现的分散注意力的词）。研究人员告诉一半被试者要忽略这些词，而告诉另一半被试者可以选择看或不看这些词，之后所有的被试者观看另外几段感情戏。研究人员发现，自我损耗会增强大脑中杏仁核的活动，尤其是在对消极情绪做出反应时。但也有研究者认为，进一步的研究和神经成像结果可能表明，并非只有消极情绪才会受到自我损耗的影响，并导致杏仁核产生反应。

这正是凯瑟琳·沃斯、罗伊·鲍迈斯特及其同事所开展的系列实验的研究结果。虽然之前有研究发现，自我调节会削弱个体的自制力，但研究人员认为，情绪和感觉会保持与之前相似的水平。然而，有最新研究挑战了这种说法，沃斯等人认为："自我损耗会改变你的感受，但不会那么强烈。"当然，这种说法与神经成像的结果完全一致。神经成像结果显示，在个体试图进行自我控制后，杏仁核的活动增强了。

这意味着，冲动和抑制实际上可能是因果交织的。可能是因为，当抑制被自我损耗所削弱时，个体的情绪和欲望会被更强烈地感受到。具有讽刺意味的是，个体在试图自我控制（一种管理和调节情绪的策略）时，只会增强自己的情绪。在后面的章节中，我们将谈谈可以用于调节情绪的一些替代性策略。

动机脱离

动机脱离涉及认知和情绪调节。当你有动力放弃一个目标并开始考虑追求另一个目标时，动机脱离也可以被称作"重头再来"或"把事情安排妥当"。这一过程要求你主动拒绝那些无法实现或是不能满足内在需求的目标，也就是说，有意识地拒绝外趋型目标，而专注于那些可以实现的或与内在需求紧密相连的目标。

行为脱离

行为脱离作用于现实中的决策，即人们放弃旧的目标，采取行动来追求新的目标。除此之外，行为脱离需要人们具有灵活性和重新聚焦的能力。生活总有办法向我们抛来一些与我们的动力和能力无关的难题，有时即使是最受内在动力推动、最令人满意的目标，我们也会因为一些不可控因素而不得不放弃它。在这样的时刻，懂得放弃的艺术就变得难能可贵了。

对于现年28岁的黛德丽来说，情况就是如此。如果她没那么坚持不懈，那么她的人生旅程可能会截然不同，她的生活也会过得轻松一些。黛德丽从7岁开始参加游泳比赛，这项运动完全占据了她的童年和青春期早期，她除了上学就是在游泳。为了坚持这项运动，她几乎放弃了所有其他事情，游泳定义了黛德丽这个人，因为她喜欢游泳时的感觉。即使现在，这么多年过去了，她仍然怀念在泳池里那种无可比拟的疲惫、兴奋和感到自己活着的感觉。她之前梦想着获得奖学金去读大学，然后参加奥运会。虽与很多年轻人的梦想不同，但她的梦想是极有可能实现的。

然而，在要上高中的那年夏天，当她在为全国比赛进行训练时，她突然感到肩膀疼痛。医生的诊断是双肩慢性肌腱炎，建议她如果不想永远不能游泳的话，至少要休息一段时间，停止游泳训练。然而她的教练希望她能忍痛坚持，她照做了。"放弃者永远不会成功，成功者永远不会放弃"和"艰难之路，唯勇者行"的信念战胜了医学建议。她的病情持续恶化，后来不得已换了队。这次她的新教练鼓励她休息一段时间，她也照做了。她的病症非常明显：在课堂上举不起手来，梳头发对她来说成了一种折磨，甚至连穿衣服都变得艰难，但放弃梦想所带来的无形的心理痛苦要比生理上的病痛更让她绝望。

如果不游泳了，那么她是谁？黛德丽说："我如果不是一名游泳运动员，就不知道自己是谁。我所有的自尊、感觉、自我价值全都赋予游泳运动员这一身份。"三个月后，她又去游泳了。她说："我煎熬了一段日子，那段时间我每天都游不过500米，这在之前不过是我一个轻度热身的强度，对我来说，轻而易举。我再也无法享受游泳的乐趣了，再也无法感受到游到筋疲力尽的那种美妙感觉了，再也无法在水中通过划水来推动自己游得更快了。"

黛德丽选择了放弃，她感到绝望、空虚，不知所措。她努力转移自己的注意力，进行身份转换，参加了一些与戏剧表演相关的活动，虽然她没游泳那么开心，但也渐渐开始接受不能游泳的生活了，毕竟她还年轻。

但水中世界对她的吸引力仍然很强烈，让她无法抵挡。当一个令你满意、让你能够自我实现的目标从手中溜走时，你就会有这种感受。黛德丽在国外读高三时，在一个朋友的鼓励下，加入了校游泳队。不出所料，她比所有人游得都快，赢得了所有比赛。即使是在她状态并不好的情况下，她也会赢。但是随着病痛复发，她又一次不得不选择放弃游泳。这次的放弃不仅是因为身体上的病痛，还因为她再也体会不到那种燃烧的快感了，因为仅仅赢得比赛对她来讲是不够的。

她还是没有完全放弃游泳。她就读的那所小型文理学院的游泳教练很想将她揽入队里，适度放松安排她的训练。她的速度已经足够快了，就算不参加训练，她也打破了好几项纪录，在比赛中名列前茅。黛德丽对于如此受人赏识的感觉很棒。然而到了大学三年级，情况就没有这样令人满意了。随着肩部炎症的加重，尽管作为队长她被留在了队里，但她已经不能再下水了。大学毕业后，她仍没准备好彻底放弃游泳，于是在当地游泳馆谋得了一份工作，教学生游泳并担任游泳队的教练。但最后她还是不得不放弃，因为即使是在游泳教学中的少量入水示范，也让她的肩膀很不舒服。在被折磨了6年之后，她终于彻底放弃了游泳。

现在，她仍然时不时地会感到肩痛。她说："要是我一整晚压着胳膊睡觉，就会感到很疼。变天的时候，我的肩痛也会发作，就像参过战的老兵一样。我总是提醒自己，就此放下吧，适可而止。放弃有时候是明智的选择，坚持下去不一定是好事。我天生就并非轻言放弃的人，显然，要让自己放弃可能得经历一个惨痛的教训，最终大彻大悟。"

黛德丽反思了她为放弃这个体现自我价值的、曾给她带来很多快乐的重要目标所做出的挣扎与努力，这让她洞察到为什么放弃如此困难，又如此意义非凡。在继续比赛这个问题上，她承认有内在压力和外在压力，"在大学里，尽管我热衷于游泳，但游泳对我的身体来说可能是个糟糕的选择。朋友和教练总会鼓励我继续游下去，我最后也很容易就被他们说服了。游泳是一项竞技性运动，和时间赛跑，与对手竞争，你总要给自己压力，把自己逼得紧一点。我的确担心有人会觉得我是因缺乏勇气而退出的，可最后恰恰是我自己最难以面对当时的选择"。

黛德丽聪明地认识到，放弃有"之前"和"之后"两个阶段。"放弃一件对我的生活和身份认同很重要的事情，虽然一时会让我陷入迷茫，但总的来说，学会放弃让我成为一个更为有趣和丰富的人。如果我继续游泳，就可能不会收获这些，不会有这么多全新的体验。"

黛德丽把她所学到的东西很好地应用到了新工作中，她开始成为一名为家庭暴力受害者服务的心理治疗师，这些受害者大多难以摆脱自己的处境。她说："我以往的经历让我非常理解他们现在正在经历什么。在某种程度上，我能够利用个人经验帮助他们，我觉得很有成就感。我非常清楚，放弃是多么困难，即使他们已经伤痕累累，也很难选择放弃，我很理解他们。"

放弃让你曾经感到非常快乐的事情绝非轻易之举，毕竟，追求幸福是我们所有人最重要的目标。

追求幸福

如果你参加过克林顿与戈尔的总统竞选活动，你一定记得有一首歌的歌词是"不要停止思考明天"。事实证明，没有人需要担心，因为人类无法停止思考明天或是未来。心理学家丹尼尔·吉尔伯特在他的著作《哈佛幸福课》中指出，我们每天有12%的想法是关于未来的。换句话说，每8个小时中就有1个小时的时间是我们在想尚未发生的事。

为什么我们会花这么多时间思考未来呢？首先，最重要的是，就像吉尔伯特所说的，思考未来能给人带来愉悦感。我们可以设想明天与今天截然不同，因为明天我们总能实现一些今天没能实现的愿望。但是，人类并不擅长评估梦想成真的可能性，以及更重要的一点：梦想成真能否让人们更为幸福。

在你继续阅读之前，我们来玩个小游戏。请你完成一个句子，你可以在脑中默念它或将它写到纸上："要是_____的话，我会很幸福。"之后，你可以想象一个与这句话相符的目标或是计划，可以是买彩票中奖，得到晋升机会，成为一名作家或股票交易员，找到人生伴侣，或是任何让你的人生小船驶向阳光海域的事情。显然，对于这个问题的回答就像佛罗里达州萨尼贝尔岛上的贝壳一样多。你确定你在这个句子中填入的所有答案都能真正让你感到幸福吗？你可能会点点头，但在你鼓励自己、试图安慰自己可能是个幸福的例外之前，在你不太可能夸大自己得到幸福的可能性，真正知道什么让自己最为快乐之前，请继续阅读吧。

还记得优于平均效应吗？大多数人都认为自己的表现优于平均水平，比别人更容易取得成功。还有很多类似的说法，丹尼尔·吉尔伯特曾描述一个类似现象："所有年龄段的美国人都预期他们的未来比现在更好。"此外，正如埃米莉·普罗宁、丹尼尔·林和李·罗斯在他们的文章《偏见盲点》中所指出的，当人们思考自我和自己的世界观时，他们倾向于认为自己比别人更客观，看事情更真切。显然，当涉及我们的思维偏见时，我们就会出现盲点，总是习惯将这些偏见归因于他人。

优于平均效应似乎并不是对美国人自恋的一种掩饰。但也许正如吉尔伯特所说的："它反映了我们倾向于认为自己与其他人不同，而实际情况并非如此。"他指出："我们并不会总是有优越感，但我们几乎总是认为自己是与众不同的。"当然，人类会发展出这种心态在一定程度上是出于对环境的适应。我们能够直接从内心深处了解到自己的想法和情绪，而对于别人（甚至是重要的人）的想法与感受的了解，我们只能通过他们的行为和言语来一步步完善。此外，正如吉尔伯特所说的，我们自认为自己是与众不同的，因为看重自己的独特性，所以才会高估它。同样，我们认为他人也有同样程度的独特性。这种对个体差异的欣赏——而非认为别人和自己更为相似——在我们的生命早期已然显现，连幼儿园的孩子都展现了这一点。然而，所有这些都意味着，我们不仅对未来的表现过于自信，也不太可能通过借鉴别人的经验来判断自己的感受，因为我们总是会想，每个人的情况不一样，他们的经验对我来讲毫无用处。

我们还有一个小毛病：很奇怪，就算我们总是思考明天，但我们的大脑实际上却总是被束缚在今天。这可能会对我们预测未来的幸福造成不好的影响；还有一些偏差阻碍了研究者们所说的情感预测（情感预测是指了解我们明天或者未来会有什么样的感受）。

蒂莫西·威尔逊和丹尼尔·吉尔伯特描述了预测幸福的四个方面：未来感受的效价（无论它是积极的还是消极的）、期望体验的特定情绪、感受的强烈程度，以及持续的时间。我们像预言家一样，在某些方面比较擅长预测。一般来说，我们更善于预测未来发生的事情，这会让我们感觉良好、不错、不好或者极差，因此我们在有关效价的第一个方面能够表现得不错。可在预测未来会体验的特定情绪方面，比如搬进新公寓、开始一份新工作、毕业、结婚等，我们倾向于过分简化感受到的情绪，似乎忘记了一个事实，即大多数的情境唤起的都是一种复杂的情感。（你会对新工作感到异常快乐，对升职感到非常激动，对涨薪感到兴奋，但同时会担忧这种情况能否持续，对各种转变感到焦虑，对日常生活的改变倍感压力。）

当我们想象未来某件事会让我们多么幸福时，比如结婚或是生小孩，我们的想象也会被过分简化，特别是对于那些可能唤起情绪的细节。试着想象一下，在梦想已久的婚礼当天，你身穿一袭白色婚纱，文静高雅，你的伴侣正在圣坛前等着你。你不想看到伴郎粗鲁地敬酒，也不想听到你的准嫂子对各种事情冷嘲热讽。你明白我的意思了吗？

还有一个问题是，人们还倾向于过分简化和高估自己对未来所发生的事情的反应，我们对于自己的行动与感受的预测往往与实际情况大相径庭。优于平均效应影响了我们的预测。一项关于性骚扰的研究表明，当我们展望未来时，我们完全是在期待最完美自我（最为优于平均水平）的出现。

研究者朱莉娅·伍德兹卡和玛丽安·拉弗兰斯首次开展了这项研究。他们询问了年龄在18岁到21岁的197名女性，如果一位32岁的男性面试官在面试一个研究助理时问到以下问题，面试者会作何反应：（1）你有男朋友吗？（2）人们觉得你很有魅力吗？（3）你认为女性穿文胸来上班重要吗？读到这儿，女性读者可以想想要是自己面对面试官提出的这样的问题，会作何回答。男性读者也可以思考一下。

不出预料，这项研究中62%的女性被试者预测，自己如果遇到这样的情况，要么会质问面试官为何提出这样的问题，要么直接告诉他这些问题越界了。28%的女性被试者表示，她们会选择直接离开，或是当场质问面试官。68%的女性被试者表示，她们会拒绝回答至少其中一个问题。大多数女性被试者都表示，面对这种情境，她们会感到生气和愤怒；2%的女性被试者会感到有些害怕。

之后研究人员在实验室情境中设计了一场真实的面试，让被试者相信她们真的是在申请研究助理的职位。研究人员向一半被试者提问了上述理论实验中所提出的三个问题，而向控制组被试者提问了一些奇怪但很随意的问题，这些问题不会让人感到受冒犯。问题分别是（1）你有最要好的朋友吗？（2）有人觉得你不正常吗？（3）你认为人们信仰上帝这件事情重要吗？

结果表明，女性想象自己在受冒犯情境中的反应和她们实际反应之间的差距非常显著。在实验中，每位被试者都回答了所有问题，没有一个人选择离开。没有人质问面试者，甚至也没有人向面试者说出"这不关你的事"之类的话。事实上，52%的女性被试者都忽视了这些问题本身所含有的冒犯性，她们简单地回答了问题，不做过多评论。尽管36%的女性被试者询问面试官为何要在面试中提出这些问题，但其中80%的被试者都是在面试结束后提出这种质疑的，而非在面试中所提。最重要的是，虽然想象这种情境的女性说她们会生气，但当她们不得不处于这种情境中时，只有16%的女性会生气，而40%的女性确实感到害怕。

这一实验强调了，为什么预测我们对一个简单事件的情绪反应相对容易些。这类简单事件包括"我化学得了A""我的英语考试没及格"。而在更为复杂的、情感上更为微妙的生活情境中，我们预测自己的情绪反应就困难得多了。在上述实验中，被试者之所以做出那样的反应，大概是因为她们期望得到研究助理职位（毕竟她们信以为真了），她们想要取悦面试官的需要，自己冒冒失失、心神不定的感觉，或者生活中的一些其他因素，让她们产生了与预测中截然不同的情绪状态。其他研究也证实了同样的情况。

毕竟，明天的问题就在于我们还没有到达明天。这就解释了为什么当我们考虑放弃或是在一些需要做出决策的压力时刻，曾经在脑海中想象的情境可能不会如期发生，这会让我们对自己感到失望。这也解释了为什么我们普遍具有事后自我怀疑的倾向。

根据威尔逊和吉尔伯特的研究，人们除了会高估未来事件对生活的影响，还对他们的情绪会持续多久这件事并不了解，这种现象叫作影响偏差。威尔逊和吉尔伯特认为："人们以一种加速从情感化事件中恢复的方式来理解他们所处的世界，这种理解过程在很大程度上是自发、无意识的。人们不可避免地想要理解和解释那些最初让他们感到惊讶、出人意料的事件，这一过程降低了他们对相关事件的情绪反应程度。"这既有好的一面也有坏的一面，我们先来看看坏的一面。

坏的一面是，人们会高估所期望的结果真正让他们开心的持续时间。人们可能期盼结交伙伴、获得晋升，或者完成其他一些事。当你慢慢接近目标时，你所感受到的压力和焦虑让你确信，一旦实现了目标，你会快乐很久。然而不幸的是，随着时间的推移，你所梦想的这一非凡时刻会逐渐与日常融为一体，因此很少会带来你所期待的那种持久的幸福感。

不过，好的一面是，人们也高估了一件可怕的事情会让他们不开心的持续时间。虽然好事不会像我们预期的那样带来持续的快乐，但坏事也不会像我们以为的那样一直让我们沮丧。读到这里，大多数读者能够回忆起一段自己从某种沮丧中恢复的人生经历，这种沮丧可能发生在生活的任何方面。你可能想起，自己那时候觉得"我永远也忘不了这件事"或是"我再也不会快乐了"。但你之后还是会开心起来的，不是吗？威尔逊和吉尔伯特将这种现象归结为"心理免疫系统"的作用，它能在很大程度上无意识地改善负面信息所带来的影响。我们的心理防御机制通过理解负面信息，并重组我们对它的看法（将其合理化），让我们的感觉更好一些。如果我们不知道自己在做什么，心理免疫系统就会更为全面地保护我们。

下面这个例子可以用来解释心理免疫系统的工作机制，它与威尔逊和吉尔伯特所说的很相似。假设你突然被爱人或伴侣莫名其妙地抛弃了，你会经历这样一个过程：一开始，有关他（她）的一切记忆都是可爱却又极度痛苦的；但随后，一些更为负面的细节和记忆开始填充那些空白部分——他总是直接拿起一瓶果汁就喝，洗脸池旁的化妆品她总是凌乱地堆放着，他总是想要掌控聊天的节奏，她从来无法做到准时，他总是莫名其妙地突然大发脾气，她经常打断别人讲话……相信你已经明白我的意思了。

这种自我保护的妙处在于，我们并不是总能意识到自己在做什么。那个曾经抛弃你的人当然没有改变，只是你调整了他在你脑海中的印象。同样，毫无征兆地被老板解雇给你带来的羞耻感，也会被这样一种认知所取代——那个家伙是个混蛋，那份工作实在无聊，反正那家公司的运转情况也不怎么好。

剩下的问题是，人类对于什么能让他们如此快乐琢磨不透，这对我们来说会有什么好处吗？（吉尔伯特的书名《被幸福绊倒》看来是有深意的。）

积极思维

矛盾的是，虽然积极思维和乐观展望已被证明有很多益处：在追求目标的过程中，有着积极思维的人比有着消极思维的人更有动力，表现也更好，但有些积极思维实际上会对人有害。在你想要把整个书架的自助类图书扔出窗外之前，在你想要抹掉多年来你所积累并坚信不疑的所有格言警句之前，你首先需要对一些重要的事情做出区分。

在一系列重要的实验中，心理学家劳伦·阿洛伊和林恩·艾布拉姆发现，抑郁的学生对于自己对结果的控制力的看法比不抑郁的学生更为准确。后者更为乐观，会高估自己的控制力。研究者请被试者按下（或忍住不按）一个按钮，然后观察是否有绿灯亮起。之后，他们要用百分比来评估他们对绿灯亮起的控制力。事实上，绿灯的亮起是由研究人员操控的，但这并没有阻止一些被试者从中感受到自己的主观能动性。

阿洛伊和艾布拉姆森发现，抑郁的学生更有可能准确地衡量他们的行为如何影响结果，而不抑郁的学生更有可能高估自己的能力。1979 年的研究发现，所谓的"抑郁现实主义"从此就一直在心理学圈子里引起激烈的讨论，因为它与先前所盛行的认为抑郁会曲解现实的观点不一致。先前的研究认为，抑郁通过消极的视角看待世界和事件。在这场学术争辩中，我们不偏袒任何一方，但与我们的讨论相关的是，一般来说，健康的人在对待目标和成就时倾向于过度乐观（有时这被称为"乐观偏见"）。从这里我们能得到的启示是，虽然积极思维在某些情况下是有用的，但它并不总是一个值得信赖的朋友。

期待的奥义

在美国各地，每一天都有几百万人排队购买彩票。不论男女、不论贫贱、不分长幼，不同种族和信仰的人都买彩票。纽约州卖彩票的口号是"你永远不知道什么事情会发生"，似乎很多人都同意这一说法（没错，这是可得性启发在起作用）。所以，人们会玩弄幸运数字、随机数字、生日数字等一些神秘的数字组合，期盼"今天是我的幸运日"。然而，具有讽刺意味的是，买彩票中奖的人之后很少能体会到他们中彩票那天的快乐。这又是关于预测明天或是未来的问题了，人们无法预测会有哪些人突然冒出来占便宜：许久不联系的亲戚和一些所谓朋友要来分一杯羹，一些理财顾问开始利用中奖者有限的财务知识谋利。一些中奖者甚至需要搬家或是更换手机号码，才能重新过上无人骚扰的正常生活。更糟糕的是，即使这些烦心事都没有发生，中奖者对于平常快乐的体验也会逐渐降低。在反复研究并证明大多数彩票中奖者令人遗憾的真相后，蒂莫西·威尔逊写道："如果人们早知道彩票中奖不会令他们更加快乐，甚至可能带来巨大的痛苦，他们可能会对买彩票更为谨慎，不会轻易把自己的血汗钱砸到买彩票上。"（彩票玩得好的人往往是那些一开始就很有钱，也很有投资经验的人，他们往往并不需要通过买彩票来让他们美梦成真。）

如果买彩票中奖算是一种白日梦[1]，那么这种白日梦与

1　白日梦（pipe dream）一词于19世纪被美国词典收录。当时是指由吸食鸦片所产生的幻觉。

人们对未来的美好期待有什么区别呢？所有的白日梦都一样吗？可能激发灵感的白日梦和纯粹幻想的白日梦之间有区别吗？

在设定目标、决定是否要放弃，以及何时放弃时，这个问题就很值得考虑。一个梦想着出名并写出一部伟大的小说却从未动笔的人，很容易被贴上"做白日梦"的标签。但对于一个有着三个孩子的29岁全职家庭主妇来说，她从大学毕业之后再也没动过笔，一天却突然梦到了许多角色，醒来后迟迟无法忘记。难道她也做了白日梦吗？

甚至连她自己也怀疑起来："虽然我有很多事情要做，可我还是一直待在床上，想着这个梦。最后，我不情愿地起床了。在处理好急需处理的事后，我把所有不紧急的事都抛在一边，坐在电脑前开始写作。我已经很久没有写作了，我都不知道自己为何要多此一举。"根据她的描述，她并非为了想象中的读者而是为了自己而写作，因为她想知道梦中的故事会如何发展。但在这个过程中，她发现了写作能让她很快乐："从那天开始，我就彻彻底底地迷上了写作，这为我打开了一个全新的世界。"之后，她做出了安排和规划，看看如何能一边写作，一边照顾孩子。

不久，她完成了书稿，向15家出版机构投稿。其中9

家拒绝了她，还有5家甚至没有回复她，她得到了1家出版机构的回复，对方对她的稿件很感兴趣。这是白日梦还是生活的另一种可能性呢？这一结果能对其做出区分吗？

不出所料，心理学家曾试图研究并回答这个问题。毕竟，梦想是目标设定的一部分。如果没有目标或梦想，就谈不上努力追求它了。还记得丹尼尔·吉尔伯特告诉我们的吗？我们每八个小时里就会有一个小时在思考明天，那么对未来投以怎样的期待才能确保成功呢？心理学家加布里埃尔·奥廷根和多丽丝·迈耶区分了关于未来的信念（期待）与描绘未来图像（幻想）之间的不同。如果期待依赖人的过往经历来评估未来，幻想就与人的过往经历没什么关系了，它通常描绘的是顺利且能轻松推进的美好未来。另外，幻想能让你在此时此地就享受到未来果实的甜蜜，你不用想需要花多长时间来完成这部小说，也不必担心自己由于没时间写作或是没有写作的天赋而失败。相反，你的思维会直接跳到你在畅销书榜首看到了自己的名字，甚至跳到自己的小说被拍成电影，看到自己走上红毯的那一幕。

与其他关于纯粹的积极思维的研究结果一致的是，要区分有益的梦与无益的梦，只需要一点点悲观和一点点现实主义。奥廷根所说的心理对照不仅对梦想实现目标至关重要，还对弄清这个目标是否可行很有作用。心理对照包括想象期望的未来，反思与实现目标相关的负面因素。它不同于其他三种与目标设定相关的心理策略。心理对照本身就是一种解决问题的策略，它让你能够评估实现目标道路上的障碍，同时在心中始终牢记这一目标，就像在电视上分屏观看节目一样。这种对照让你能够做出计划和采取行动，清除实现目标道路上的障碍，与此同时，为预期目标的愿景所激励。

其他可行但最终无效的策略包括奥廷根所说的"空想"。它是指详细地勾勒出一个美好未来或是理想结局的心理图像，之后频繁回到这个心理图像中，为其添加细节和说明。还有"驻足"，即人们会停留在当前的状况中，反复思考其消极方面。尽管空想与驻足截然不同，但两者都不能激励行动。最后，还有奥廷根所说的逆向对照，即人们会首先关注眼前的现实，之后才会关注期望的未来，而不会考虑两者之间的关系。与心理对照不同，以上这些预期方式会因不同的原因而让人陷入困境，要么无法启动，要么无法脱离。

奥廷根与其同事开展了一个实验，请被试者说出他们认为最重要的人际关系问题。被试者大多提到"认识喜欢的人""改善与伴侣之间的关系""更了解母亲一些"等。被试者被要求按照等级1~7来给自己对于成功解决这些问题的决心进行打分，之后还需要给这些问题的解决对于他们来说有多重要的程度进行打分。所有被试者要列出与成功解决问题相关的四个积极结果，然后列出在现实中阻碍问题解决的四个消极方面。被试者被分为三组，分别完成使用心理对照、空想以及驻足这三种策略的任务。使用心理对照策略的被试者需要在心中详细考虑两个积极方面和两个消极方面；使用空想策略的被试者需要在心中默念四个积极方面；使用驻足策略的被试者需要在心中默念四个消极方面。结果表明，在这三个实验组中，只有使用心理对照策略的被试者在对成果有较高期待时会制订计划，并对自己的行动负责。当他们对成功的期望较低时，他们不会做出行动。

这些研究发现在另一个实验中得到了证实。这个实验使用了与上述实验相同的人际关系主题和流程，但研究目的在于衡量哪些实验组被试者会采取行动来实现目标。被试者需要评价他们的感受（精力充沛的、活跃的、空虚的），两周后报告他们着手解决问题最为困难的两个步骤的日期。类似地，研究结果表明，采用心理对照策略并对成功有较高期望的被试者会更早采取行动。

我们将在后面的章节中详细讨论心理对照，现在我们要知道的是，使用心理对照并不容易。正如诗人托马斯·艾略特所说："人类无法承受太多现实。"唉，这是真的。我们对于白日梦的喜爱日渐浓厚——从拥有六块腹肌到瞬间从经理升为CEO，名利双收，这毫无疑问是因为白日梦不需要我们了解太多现实情况。只是想象一下，拥有六块腹肌会使你看起来多棒，这简单多了。你不用去思考为此你要做多少组仰卧起坐、放弃多少喜欢的食物、在健身房挥汗如雨多长时间、会不会失败……在心里想想自己拥有腹肌这一愿望是一件很快乐的事情，但考虑为了实现这个目标要做出多少努力，就完全是另一回事了。坦率地讲，人们更喜欢纯粹的快乐思考。

这让我们想到那个全职家庭主妇的事例，她从梦中醒来，有了奇思妙想。因为要在家里照料三个孩子，她不得不使用心理对照来发现阻止她坐在电脑前写作的障碍，更何况要完成小说了。现在可以告诉你了，这个女人的名字叫作斯蒂芬妮·梅尔，她根据那个梦境所写的书就是《暮光之城》。

迈出第一步

不管从哪个方面来评价，29岁的杰米都已经做得很好了。6年前她从一所著名的文理学院毕业后，成了一名记者，为美国西海岸一家虽小但颇有声望的报社撰稿已有两年多了。从中学开始，成为一名作家就成了她的梦想，但直到大学毕业后，在大学导师的建议下，她才开始专注于新闻工作。她找了一份记者的工作，把它当作写作的新手训练营。杰米说："这是我导师的主意，他认为做记者能为我揭开写作的神秘面纱，使我日复一日地坐得住板凳，培养自律，从而磨炼我的写作技巧。他说的不无道理，所有这些我都切身经历了，甚至更多。"

但杰米没有预料到这件事所需要付出的代价，日复一日的新闻记者工作没能让她感到快乐。这不是她想要的写作，她想尝试的是更有创意的写作方式和内容。她知道这不是她想要的生活。她说："我都不记得上一次不用在周末工作（或担心工作）是什么时候了。我每天早上都害怕起床，当我结束了一天的工作离开办公室的时候，我感到自己在心理上、身体上都很空虚，腰酸背痛。甚至我对所写的报道提不起兴趣来，也不再享受看到报纸上印着我的名字了。"

但杰米还是没有选择放弃。这与她对老板、同事、报纸本身的忠诚度有关。她犹豫不决，在前两份新闻工作中，她也有过这种不安感，但那时候她觉得自己天生不是当作家的料。而现在她知道自己想要一直写作，但需要换个类型，换个环境。她说："我担心这会让我看起来像个失败者，不能真正地坚持做任何事。但后来有人提醒我，我自己也会提醒自己，我已经在新闻工作的道路上坚持了6年。"杰米花了好几个月的时间来思考自己究竟应该做什么。"这件事真是太折磨人了，我从各个角度都考虑过了，快要把自己逼疯了，试图对比出哪种选择更为懦弱。放弃这份工作，这份我真的很擅长的工作，只是因为它既辛苦又累人，这是不是弱者的行为？但如果我继续忍受现状，埋头于这份让我非常不快乐的工作，是不是很懦弱？"

目前，她选择推迟做出是否辞职的决定，计划在下定决心之前，先放下手边的工作，休假去旅行和写作。她认为，作为一名自由职业者创作不同的主题会给她一种自由的感觉，以及拥有自己的时间和在需要时自我反思的能力。"我想要灵活性，你明白吗？我不觉得我这辈子就只想做一件事。"尽管在理性上她知道，现在是她在一生中向前迈出一步的最佳时机：她结婚了，没有住房贷款，没有任何财务负担，也不打算生小孩，但她还是无法做出决定。她说："我是个老喜欢左思右想的人。总是会在事后怀疑。乐观地讲，我会说自己是一个非常开朗、有同情心的人，可以从很多角度来看待一个问题。不过，这也意味着我会把每一个小小的决定都仔细考虑一遍。"

有趣的是，杰米的新目标是成为一名自由作家，这实际上是她大学毕业后最先为自己设定的职业目标之一。杰米承认："我觉得过去自己的目标不是很明确，到目前为止，我的生活只是朝着一个大致的方向迈进，看看哪扇门会向我打开。现在我越来越清楚自己接下来想要走向哪里，这让我觉得更快乐一些。我希望自己能够向想要的生活迈出一步。"

虽然杰米还没有辞职，但她正在计划为她在离职期间想要写的文章获取一些发表联系，希望这些文章能够顺利发表。简而言之，她已经开始努力掌握放弃的艺术了。

在下一章中，我们来看看放弃的能力包含哪些方面。

■ 测一测：你和你的目标 ■

以下描述旨在促使你思考自己是如何设定目标，如何实现目标，以及如何应对潜在挫折的。请阅读下列表述，选择同意或不同意。

1. 当有金钱或其他形式的奖励时，我会更有动力工作。

2. 对我来说，能够感受到灵感或创造力的迸发很重要，我会主动追求这些机会。

3. 各种冲突常常使我陷入困境，最后我什么也做不了。

4. 当我对下一步要做什么感到纠结时，我会考虑什么是最重要的，然后做出选择。

5. 一有机会我就会拖延或是浪费时间。

6. 我很自律，也很善于控制自己的冲动。

7. 我会长时间担忧未完成的任务。

8. 我喜欢制订计划。我做我能做的，但如果我不能全部做完，我也不担心。

9. 我很有前瞻性，通常会想"如果我采取了行动，很多事情就不会发生"。

10. 我的动机是积极的，通常会想"如果我采取了行动，很多事情就会发生"。

11. 要达到别人的水平，我感到有很大的压力。

12. 我通常会专注于让我快乐的事情。

13. 我不喜欢和悲伤的人待在一起，我也不想让自己成为一个令人沮丧的人。

14. 悲伤是生活的一部分，我通过谈论它来与其和平相处。

15. 我是唯一能够解决自己问题的人。

16. 了解别人在危急时刻如何处理事情，这很有价值。

17. 如果有人批评了我或是我的工作，我会忍不住老去想这件事。

18. 我尽量心平气和地接受批评。我会评估信息来源以及它的真实性。

19. 遇到让我受挫的任务，无论如何，我都会坚持下去。

20. 如果有什么事快把我逼疯了，我就停下来休息5分钟，考虑是否要继续做这件事。

21. 我认为，无论如何，积极地看事情很重要。

22. 有时候我不得不让自己考虑这种情况——事情并没有向我希望的那样发展。

在以上描述中，你对奇数项陈述赞同的越多，你的目标就越有可能是外趋型的。

第四章

培养放弃的能力

哈佛大学法学院和一些其他高等教育机构都遵循着这一传统：系主任或校方负责人会把一年级所有新生召集到一个房间，对他们每个人说："好好看看你们身边的同学吧，你们中的某个人或许明年就不在这儿了。"事实是，下次你处于另一个群体中时，可能也会有人板着脸要求你做同样的事情，但并没有恐吓的意思。"你所在的群体中总有人更擅长巧妙地放弃，因此明年可能就看不到那个人了。"

是什么特质或性格让我们对于改变如此顽固、抗拒和敏感呢？甚至当继续坚持下去会让我们非常不开心时，也不愿放手？为什么在面对一个重大的改变时，有些人只能感到有一条充满消极可能性的鸿沟横亘在眼前，而原地不动呢？为什么有些人在面对生活的挑战时，总是采取一种防守的态度，一直在寻找减少潜在损失的方法？为什么有些人在管理消极情绪时似乎缺少一个关闭按钮？为什么有些人无论如何都要坚持到底？

当我们面对生活时，无论是一段关系、一份工作，还是一个愿望，我们怎样才能像瑜伽大师一样优雅而娴熟地应对呢？我们怎样做才能设想出一个新的飞行计划，并成功着陆呢？为什么有些人更容易找到现实主义和乐观主义之间的平衡点，他们是怎么获得这项技能的？是他们知道一些我们所不知的秘密，还是他们有某种特殊功能？他们是怎样放弃一件事，去寻找其他能让自己真正快乐的事情的？他们如何从丧失中恢复精神？为什么有些人有放弃的能力，而其他人却没有呢？

这就是我们当下的问题，在接下来的内容中，我们将讨论这些特质和拥有这些特质的人，以及可以做些什么来培养这些特质，或者如果没有但是需要的话，如何获得这些特质。放弃的能力不同于我们之前提到的那些低效的、情绪化的放弃模式，我们所谈论的都是建立在科学的基础上的。没有任何一种单一的措施或方法能够解决放弃的合适时机的问题。在很多情况下，这一问题有太多的变数。在现实世界中，与目标或是人生道路脱离往往是一件复杂的事情。这与提出假设、验证假设的实验室环境不同。在人生的一些阶段，你可能没有太多的现实顾虑，这时做出改变更为容易一些。可以肯定地说，在财务上、感情上你对别人的责任越大，就越难找到合适的时机来放弃一段关系、一份工作或一条职业道路。另外，有时候放弃的时机对你来说也许合适，但对你生活中的其他人来说却并非如此。

在人生的某些阶段，比如成年早期，放弃会更容易一些，因为在这个阶段，文化压力更小，现实生活中的复杂难题也更少一些。创立新企业，以及进行一些其他的创业活动所带来的风险，在你职业生涯的早期是最容易承受的，即使创业失败了，你也可以重新设定目标继续出发。在年轻的时候，你对自己人生道路的选择可以常常更改，尤其是当你相对来说不需要承担什么责任时。目前看来，1977年到1992年出生的千禧一代，即使是在经济不景气的情况下，还是选择了接受变化。他们结婚较晚（平均结婚年龄是28岁），持续一份工作的时间只有两年（婴儿潮一代至少五年才会换一次工作）。在成年中期甚至晚期放弃一件事，会有与上述情况不同的复杂性，不仅因为个人责任的增多，还因为它是坚持了很久的长期目标，以及个人对实现目标的可能性的判断力逐渐减弱。

话虽如此，一旦你了解了自己的放弃能力（或自己缺乏这种能力），让你原地踏步的思维习惯、评估目标和确定目标优先级的能力、放弃的最佳时机等问题就会逐渐清晰起来。在时机成熟的时候，你会很明显地感觉到并确信无疑。研究表明，虽然坚持是很有价值的，但懂得变通绝对是无价的技能。本章的目的之一就是鼓励你不仅要去衡量自己的目标和坚持，还要培养自己放弃的内在能力。

抓住恰当的放弃时机

大学毕业后的那几年，也就是人生中的第三个十年，被人们普遍看作为自己接下来的生活打下牢固根基的一段时间。这种文化理解，使得放弃一条稳定而可期的人生发展道路，成为一种高风险、易失衡的行为。对于27岁的詹姆斯来说，这再真实不过了。2009年大学毕业后，他就一边努力发展金融行业的全职工作，一边为自己所热爱的赛艇运动接受培训。与网球、滑雪、足球等其他运动不同，赛艇从根本上来说就是一项业余运动，没有任何附加利益：既不会得到赞助，也不会收获奖金。尽管如此，赛艇仍然是詹姆斯最热爱的运动，他想看看自己有一天能不能参加高水平的国际比赛，甚至是奥林匹克运动会。事实上，从九年级开始，赛艇就一直是他的爱好，但出于学习和工作原因，赛艇一直退居次要地位。

他越来越觉得，除了每周40个小时的工作之外，还要投入大量时间进行赛艇训练（大约每周要投入16~20小时），让他感觉压力很大。但他很喜欢公司里同事间的氛围，尽管他逐渐意识到金融并非他想要终身从事的行业，只是自己有很多家庭成员一直在从事这个行业。这时，一个精英级别的赛艇训练机会出现了，这次训练还提供了住房、保险、训练服、食物等安排。

尽管赛艇比赛是詹姆斯长期热衷的一个目标，但它终究不是一份真正的职业。此外，就算他在比赛中取得了好成绩，之后的道路也并不清晰，可能只有从事教练工作这一种选择。在市场经济疲软的时期，这种选择是让他放弃一份收入不错的稳定工作，去追求一个梦想，而这个梦想很可能不会增强他谋生的能力。并不是每个人都支持他的决定，但正如他所说的："放弃是一个非常个人化的决定，我是唯一完全理解自己放弃动机的人。"另一个需要面临的难题是他已经和女友恋爱三年了，当他搬到几百英里之外，将赛艇训练优先排在两人关系之前时，女友会感到非常沮丧。

继续前进，意味着放弃一条道路，而选择另一条道路。这要求詹姆斯能够处理好自己一系列的复杂情绪。给女友带来困扰，他觉得自己负有责任，因此一直努力去理解女友的感受，并感激她不畏艰难的支持。但当詹姆斯被问及如果目标失败了，当他发现自己压根没有赛艇运动的天赋或能力时，他的声音变得自信起来："这没什么大不了的，因为我并不关注结果，我只是把注意力集中在我正在做的事情上并努力做到最好。人们很难改变自己的思维模式，完全专注于一项任务。我必须让自己从优秀变得出类拔萃，这需要一种非常纯粹的专注。"他并不认为自己是在走弯路，也不认为这种选择会让他落后于那些遵循更为传统的职业选择的同侪。"我在赛艇上学到的东西很容易迁移到其他领域，我敢说，很少有人会像优秀的长跑运动员那样努力工作。"此外，他很有信心，当他找到一个像赛艇一样令他愉悦和愿意坚守的职业时，他就会知道自己的方向了，也会有耐力到达那里。他并不考虑到达那里会花费多长时间。

评估自己的放弃能力

对于什么样的性格特质或气质类型能使得一个人比另一个人更擅长设定目标、评估目标，在必要时做到目标脱离，不同的心理学理论给出了不同的答案。我们将从多个角度来全面了解放弃的能力。虽然这些理论之间有一定的一致性，但每种理论还是有细微的不同。

在你阅读本书的时候，多多思考自身，想想你的放弃能力都适用于哪些生活场景。无论你在哪个方面发现了自己的能力，本章以及接下来的章节都将为你提供相关策略，帮助你培养放弃的能力。

上文提到，安德鲁·艾略特和托德·思拉什提出了一个观点，他们研究了人们的基本动机和目标，将他们的性格分为趋近型和回避型。趋近型（如追求积极的结果）和回避型（如避免消极或痛苦的后果）的基本冲动是人类以及包括单细胞生物在内的很多其他生物群体所固有的。然而，他们的理论更进一步将趋近型和回避型动机确定为人格的关键组成部分；受早期社交活动的重要影响，这两种性格中的哪种左右了你的生活和目标设定？

如果你观察过校园操场或游乐场里发生的趣事，那么你可能已经知道了在现实生活中趋近型和回避型性格各是什么样子的。有一个小女孩爬到了滑梯的顶端，自信地笑着，然后从上面滑下来，朝妈妈招手，做着眼神交流。另一个小男孩自己走着，不去找其他的伙伴，也不去玩游乐设施，就好像对游乐场处处充满敌意。他的妈妈在旁边打电话，但小男孩没有抬头看她，也没有朝她招手。他避开滑梯，害怕被台阶绊倒，也不去玩攀爬架，因为害怕被卡住，看上去会很傻。他独自坐在沙箱里的安全陆地上，觉得很满意，避免与其他孩子接触。一个孩子怀着积极的动机走入游乐场，然而另一个孩子看到的却是不一样的世界。这些倾向是天生的，还是后天环境塑造而成的呢？这些孩子成年后会变得如何？他们的性情会始终如一吗？

安德鲁·艾略特和哈里·里斯认为，孩子的性情会始终如一。他们在2003年的研究中特别使用了依恋理论，将家庭关系模式与孩子在成年期目标的探索与形成联系起来。了解依恋理论，以及你是如何依恋父母的，是了解你在生活中（特别是在人际关系中）坚持和放弃的能力的基石。依恋理论也有助于解释舒适区是如何在你的生活中发挥作用的。舒适区是指因在情感上熟悉而感到舒适，但实际上并不让你感到快乐的情境。

依恋理论是由玛丽·爱因斯沃斯进行的一系列实验发展而来的。从那之后，这些实验已经被重复了数百次，并重点关注母亲与婴儿之间关系的特征。这个模型被称为"陌生情境"，它观察了婴儿在随母亲到达实验室，母亲悄悄离开后一个陌生人进入实验室时，婴儿会作何反应。爱因斯沃斯主要关注母亲回来后婴儿的反应。正如她所预料的，大多数婴儿在母亲离开时会感到不安和哭泣，但母亲一回来他们立刻就放心了。他们通过向母亲伸手、进行眼神交流、咿咿呀呀地说话来与母亲重新建立联系以获得满足。爱因斯沃斯给这些婴儿贴上"安全型依恋"的标签，并推断他们的母亲一直以来都很好地满足了孩子的需求，始终对婴儿的行为作出回应。

并不是所有的婴儿都会以这种方式来应对陌生情境的。在母亲离开的时候，一些婴儿表现出很少的情绪变化和痛苦，在母亲回来时也没表现出太多得到安慰的感觉；另一些婴儿在母亲离开的时候没有表现出任何情绪，当母亲回来时，他们回避与母亲的接触，爱因斯沃斯称这些婴儿具有"不安全依恋"。不安全依恋包括三种类型：回避型、矛盾型、混乱型。回避型依恋是指母亲不在婴儿身边或拒绝婴儿靠近时，婴儿会通过避免在情感或身体上接近母亲来适应这种情况。矛盾型依恋是由母亲的行为不可靠或无法预测造成的，婴儿永远不知道母亲是会支持自己还是会忽略自己，慢慢地就适应了这种状况。最后一种也是最具破坏性的不安全依恋类型是混乱型依恋，它让婴儿产生了很多冲突，婴儿既想要满足自己的需要，又对母亲感到恐惧或忧虑。这种依恋类型通常是母亲在身体或情感上虐待婴儿的结果。

童年依恋类型能够很好地预测我们之后如何处理成人关系，包括恋爱关系，以及如何应对压力和调节情绪。具有安全型依恋的孩子在长大以后，能够选择支持他、爱他的伴侣，并且比具有不安全依恋的同龄人能够更好地调节情绪。为何这些依恋类型的影响如此持久？婴儿习惯于适应他们所处的环境，因为这能增加他们生存的概率。这些早期的依恋催生了人际关系运作方式的心理图像和神经模板，它们也因此成为人类动机和行为的基础。

婴儿是如何依赖从母亲那里接收的信号，并学会对这些信号做出反应的？一个被称为"视觉悬崖"的有趣实验对此进行了研究。这一实验后来被研究者以不同的形式重复着。婴儿的母亲在远处看着，一个会爬的婴儿被放在一个台面上。台面一半是实心的，另一半上面覆盖着透明的有机玻璃，一旦婴儿到达"玻璃悬崖"的边缘，就会看到前面像悬崖一样（其实覆盖着透明的有机玻璃，但婴儿并不理解）。这时婴儿突然停了下来，抬头看看母亲的脸，等着母亲回答：安全还是危险？继续向前爬还是停下来？多亏了进化以及边缘脑的发展，现在婴儿已经很擅长读懂母亲脸上的表情了，不管"悬崖"是什么样子，母亲的一个微笑或开心的表情就会让宝宝继续向前爬。但如果母亲表现出担忧的表情，婴儿的反应就会不同。

在詹姆斯·索斯等人进行的一项视觉悬崖实验中，母亲被要求摆出开心的表情或是惊恐的表情。结果发现，当看到母亲脸上出现惊恐的表情时，没有一个婴儿选择爬过"悬崖"，大多数婴儿还退回到了他们刚开始爬行的地方。接下来，母亲按照实验指示，要么摆出有趣的表情，要么摆出愤怒的表情。结果在这18个婴儿中，大多数的婴儿在母亲摆出有趣的表情时爬过了"悬崖"，只有2个婴儿在看到母亲生气的表情后仍冒险向前。当母亲看起来很悲伤时，只有1/3的婴儿爬过了"悬崖"。母亲惊恐的表情阻止了婴儿向前爬行。

在婴儿和儿童时期，我们都在与主要照顾者的联结之中学会了如何调节自己的情绪，指导自己的行为，一切从育儿室就开始了。因此有研究认为，婴儿探索和打开自己视野的能力，无论是字面上的还是引申意义上的，都与婴儿的安全（或不安全的）依恋程度有关，而且这种倾向在其整个成年期始终如一。

艾略特和里斯假设，具有安全依恋的成年人会将成就目标看作一种积极的挑战，让他们感到自己能力很强。此外，研究人员认为，这些成年人能够相对平静地应对任务失败的可能性。而具有不安全依恋的同龄人会考虑到失败的可能性，将成就目标视为一种潜在威胁，并会避免无法胜任实现自我保护。在第一个实验中，研究者测量了被试者在恋爱关系中的依恋。50%的被试者认为自己具有安全型依恋，30%的被试者认为自己具有回避型依恋，20%的被试者认为自己具有矛盾型依恋。实验后，被试者填写了一份成就目标问卷，通过收集被试者对其中项目的描述是否赞成，来评估被试者趋近或回避的态度。例如："对我来说，尽可能全面地了解课程内容很重要（掌握目标）"；"对我来说，比班上其他人表现得更好很重要（成绩趋近目标）"；"我只是想避免在这门课上表现得不好（成绩回避目标）"。此外，被试者还列出了八项个人目标。

　　研究者在此项实验以及后续的实验中发现，具有安全依恋的人对于高成就有所需求，对于失败的恐惧感较弱，有强烈的个人趋近目标和掌握目标的渴望。简单来说，他们在拓展人际关系、掌握技能和拥有成就方面有着强劲的动力。相比之下，具有不安全依恋的被试者对成就的需求较弱，对失败的恐惧感较强。他们在目标掌握和表现方面都表现出回避心理。然而，有一点需要强调：虽然认为自己具有矛盾型依恋的被试者和认为自己具有回避型依恋的被试者都对失败怀有恐惧，但矛盾型依恋的被试者采取了目标回避，而回避型被试者没有。矛盾型依恋对放弃的能力来说很重要。矛盾型依恋削弱了最佳的成就动机，因为它推动了个体看到目标失败的更多可能性，个体感到自己需要做得更好。这两个方面都防御性地关注于避免负面结果的出现。

　　具有矛盾型依恋的人有一个特征：虽然他们倾向于关注失败，但他们也想要成功。这听起来很矛盾，但话又说回来，矛盾型依恋的定义本身就是由其矛盾性得来的。这些人很难放弃任何东西，特别是人际关系。他们专注于人际关系，忍受着情绪的起起伏伏，无论如何都无法离开一段关系。具有回避型依恋的人，顾名思义，他们害怕亲密，他们的人生难题是无法进入一段关系。

菲利普·沙弗和马里奥·米库利茨的深入分析进一步阐明了这些依恋类型是如何与目标投入以及改变所带来的压力联系在一起的。问题很明显：要想掌握放弃的艺术，首先要懂得调控思维和情感，进而改变动机和行为，设立新的目标。具有安全型依恋的人在痛苦时擅长调节自己的情绪，他们可以不带敌意地表达愤怒，并能顶住压力，迅速设定建设性目标以修复当下的关系。他们在认知层面也很开放，不需要曲解认知来让自己感到良好。

具有矛盾型依恋的个体所使用的策略往往会加剧而非缓解压力事件所带来的影响。他们的注意力一直在消极情绪上，常常左思右想，结果发现自己深陷其中。在认知层面，当个体试图抑制侵入性想法但无法成功时，同样的事情也会发生。具有回避型依恋的个体会有意识地与压力保持距离——他们对威胁事件的反应会夸大对自己的积极看法，但他们也会在情感上与他人切断联系。他们用这种方式武装自己，也丢掉了所有可能真正帮助他们处理问题的积极情感和联结。用沙弗和米库利茨的话来说，这种策略的代价过于高昂，会让个体无法在情境中获得积极线索，而这些线索可能会让他们感觉更好，从而帮助他们真正渡过危机。不用说，这一策略对于解决他们的情绪混乱毫无帮助。

这些最初的童年依恋是如何影响人们坚持和放弃的能力的，完全有据可循。具有安全型依恋的个体更为脚踏实地，在情绪管理上更有能力，在目标发生动摇或失败时也能及时寻求支持；而那些具有不安全型依恋的同伴大多受消极因素的影响。具有矛盾型依恋的个体，无论是在一段关系中还是在其他事情中，想的只有避免失败，因为他们最不善于放弃。

这正是由希瑟·连奇和琳达·莱文的某项研究所发现的。研究人员给被试者呈现三组字谜，每组七个，被试者需要在特定的时间内解开这些字谜。第一组的七个字谜是无解的，因为这是一个计时测试，所以如果不把时间全都花在第一组上，成绩就会更好一些。此外，因为实验要求不能跳过字谜之后折返，被试者需要完全放弃前面的字谜才能向下推进。

正如研究者假设的那样，那些认为自己的动机是目标趋近型的被试者在意识到自己的坚持不会有回报时，在第一组字谜中就选择放弃了。但那些目标回避型的被试者不仅在第一组令人沮丧和绝望的字谜任务中花了很长时间，还在趋近组开始解第二组、第三组字谜时，仍在这一任务上停滞不前，流露出更为强烈而持久的痛苦情绪。

在另一项研究中，研究人员没有依赖被试者的自我报告，而是将被试者分成两类。目标趋近型的被试者被告知这个测试用于测量他在语言智力上的优势，要努力获得成功；而目标回避型的被试者被告知这个测试用于测量他在语言智力上的劣势，要尽量避免失败。正如研究人员所预期的，在处理第一组无解字谜时，所有的被试者都产生了负面情绪，那些目标回避型的被试者产生了更多的负面情绪。事实上，被试者越生气，他们就越会坚持下去。

"具有讽刺意味的是，"研究人员解释道，"他们对于避免消极结果的关注与他们意识不到失败无法避免，不会选择去解下一组字谜，是有关联的。"连奇和莱文认为，目标趋近型的人具有更强的认知灵活性，与那些只专注于回避消极结果的人相比，他们可能会想出更多实现目标的替代性策略。"有悖于直觉的是，专注于目标的潜在失败因素的人，更难意识到失败。"

这种回避型的关注，以及我们所有人都有的其他思维偏差（包括沉没成本谬论、无法实现的目标显得更有价值等）都清楚地表明了，有时坚持只是一种阻力最小的选择。这就是为什么我们要掌握放弃的艺术。不管别人告诉你什么，如果你总是想要坚持下去，你就需要在脑中有另一个选择。

因害怕失败而一味坚持

花点时间想想自己的成长经历和与人相处的方式：你具有安全型依恋还是具有不安全型依恋？也想一想自己对于失败的恐惧或是失败本身对你的生活产生的影响。美国最为珍视的两个文化比喻是"失败是成功的垫脚石"和"失败所带来的教训往往是个人成功的关键"。人们也常常把对失败的恐惧当作一种激励因素。据称，这鼓励了学生延长学习时间，鼓励了员工更加努力地取悦老板，鼓励了运动员继续坚持训练。其实就像我们之前解释过的那样，这些文化比喻在很大程度上是错误的和过分简化的。我们已经介绍过，对失败的恐惧并非一个激励因素，它是如何与目标回避以及不安全的依恋模式紧密相连的。

艾略特和思拉什开展的一项有趣研究调查了人们对失败的恐惧。他们假设害怕失败是由父母传递给孩子的，中介是父母在社会交往中所使用的"收回关爱"。正如研究人员所说的："人们害怕和回避的并不是失败本身，而是伴随失败而来的羞耻感。"羞耻感作为人类的一种情绪，会侵蚀自我的整体结构，让人觉得自己不值得被爱，毫无价值。研究人员写道："害怕失败会导致个体在参加任务之前和在此过程中感受到焦虑，并试图通过在身体上（离开）和精神上（收回努力）逃离当下情境，或逼自己成功（以避免失败），从而保护自己不受失败的影响。"害怕失败有三种可能产生的反应，前两种都会在文化上受到轻视，只有第三种反应（发生的可能性最低）不会。我们稍后会提到，能为可以实现的新目标和成就铺平道路的不是失败，而是对放弃的艺术的掌握。

艾略特和思拉什认为，父母对失败的恐惧，会导致他们对孩子的错误、疏忽和失败做出反应，并以此教育孩子无论如何都要避免失败。研究人员特别关注了一种家庭教养方式，即收回关爱。收回关爱的威胁，尤其对于小孩子来说，可能是非常微妙的，通常表现为父母对孩子冷眼相待、面无表情、远离孩子、把孩子从房间带走，或威胁要把他带走。（仔细想想，传统教育对孩子的隔离处罚，被很多父母当作一种管教方式，在某些程度上也算是一种收回关爱。）值得注意的是，研究人员认为，大多数父母并不是有意采取这种策略的，大多数使用此策略的父母，只是出于他们根深蒂固的自我评价，以一种被动的方式回应孩子。

研究人员发现，母亲对失败的恐惧与她收回关爱的做法，其实是她正在读大学的孩子恐惧失败的直接原因。父亲和母亲对于失败的恐惧都是预测孩子会采取目标回避的因素。父亲对于失败的恐惧能预测孩子不会采取目标掌握策略。厌恶动机会一代代地传递下去吗？艾略特和思拉什认为情况可能的确如此，收回关爱或是威胁收回可能并非灌输给孩子目标回避和害怕失败观念的唯一行为。其他的教养方式，比如使用专制手段或控制行为，也会直接影响孩子目标脱离的能力。我们将从行动导向和状态导向的研究中看到这一方面。

让我们把害怕失败这一因素从成就的动机中移除。如果你的坚持常常是因为害怕失败，那么是时候重新进行自我评估了。

回避目标的代价

虽然我们每个人在生活中时时刻刻都会趋近目标和回避目标，但对回避目标的关注确实会影响幸福感。在一项针对心理咨询来访者的研究中，安德鲁·J. 艾略特和马西·A. 丘奇指出，与倾向于趋近目标的来访者相比，倾向于回避目标的来访者在心理咨询的过程中并没有很快体会到幸福感的提升，并认为心理咨询师的帮助和心理咨询体验不太有效。要知道，他们的实际目标可能是相同的，但是他们构建目标的方式 (趋近/回避) 使结果出现很大差异。研究中的一些例子清晰地显示了这一区别。

● "理解我自己，理解我的感受"相对于"不要再对我的感受感到困惑"。

● "与朋友有更为亲密的关系"相对于"避免感到孤独和孤立"。

● "情绪更稳定、更快乐"相对于"避免抑郁"。

花点时间想想，当你设定目标时，你是如何构建它们的；当你在决定是放弃还是继续坚持时，你倾向于如何考虑这些目标。你常会这样想"如果我做了X，Y就不会发生"，还是会想"如果我做了X，Y就会发生"呢？

在现实生活中，很多表面上看到的坚持，实际上可能受回避动机的驱使。那些在不稳定的家庭中成长起来的孩子，他们在家中经常经历摩擦或争吵、父母酗酒，或是其他形式的家庭不和。这些孩子往往会无意识地采取回避策略，以便远离争吵。

亨利无疑就是这样一个例子。亨利是一位58岁的律师，据他自己说，他从来没有放弃过任何事情。从表面上看，结婚25年来，他的事业稳步上升——在一家律师事务所工作了29年，这让他的生活看起来稳定而坚韧。亨利虽然在舒适的环境中长大，但他的童年非常混乱。他的父亲酗酒成性，经常突然不打招呼就消失了，又突然不声不响地回来。家人们对此不加谈论，亨利不知不觉就把这一经验运用到了自己的生活中，不惜一切代价去避免冲突。当他终于到达崩溃的边缘时，他才意识到自己一直以来是多么不快乐。他鲁莽而暴躁地选择结束婚姻，花了很长时间解决离婚所遗留的问题。这给他与孩子们之间的关系制造了很多裂痕。现在，他希望自己能更早地掌握处理这些事情的技能，这样对每个人都会更好。

有时候，拥有成绩目标的人采取回避策略也会对其幸福感产生影响。与实验情境中的相反，现实中的放弃有时非常复杂，是一个可能会产生很多后果的决定。对莎拉来说就是这样，她在22岁大学毕业后找到了第一份工作——在旧金山的一家大型公关公司任职。她在过去的几年里有过六段实习经历，因此她完全有理由对自己的能力自信，认为自己和职位非常匹配。她在刚毕业的那年夏天申请了几十份工作，有一些职位还进入了面试阶段，选定这家公司后，她很高兴自己的求职过程终于结束了。她满怀希望、充满活力地投入工作，成为几位新入职的员工之一。具有讽刺意味的是，她刚开始工作几周就收到了另一家公司的工作邀请。她现在的老板践行的是一种严厉之爱的领导方式，她和其他几位新员工常常受到批评（实际上是责骂）。六个月后，她收到的第一篇员工评价让她震惊：在六七页纸的书面评论中，没有一句赞扬的话。在接下来的六个月里，莎拉加倍努力工作，但她的老板仍然非常挑剔，甚至对她有些敌意。在一次工作任务中，莎拉完成得非常出色，为公司的一个客户做了很好的公关策划，却还是因为一些疏忽受到老板指责。她开始害怕去上班了。

由于刚刚毕业一年，当时市场经济很不景气，她还要支付房租。她申请了其他所有可能的工作机会，但问题是她的技能水平处于中游，虽然她已经不是新人了，但仍缺乏下一个晋升阶段所应掌握的技能。她迫切地想要辞职，但还是很担心这会让自己的简历不好看，不知该如何支付房租，父母也鼓励她不要辞职。她尽了最大努力尝试情感脱离，采取回避策略，尽可能减少与老板的接触，并开始专注于寻找新的工作机会。但这种坚持对她的身体健康造成了很大伤害，在接下来的六个月中，她出现了许多与压力相关的身体健康问题。她差点就找到了几份新的工作，但都发现自己很难持续投入努力。在她入职大约十八个月后，公司对她的评估结果清楚地写出，如果她再不改善工作状态，公司就要考虑解雇她。这篇评估中充斥着个人意见，完全没提她所取得的那些成绩。此后，找一份新工作就成为她唯一的目标。三个月后，她收到了一份不错的工作邀请，马上选择了辞职。

现在回头想想这段经历，莎拉觉得如果能重新来过，她会更早辞职，而不必打安全牌。"如果这种事情再次发生，我会选择冒更大的风险来解决它。这么长时间不开心完全不值得，它真的让我越来越失落，我应该直接辞职，去碰碰运气。无论如何，我都会找到一份工作的，只是时间的问题而已。"

莎拉还年轻，才刚刚进入职场，但她的故事仍然向我们说明了，一旦把目标脱离放置在现实情境中，如何管理它就变得很复杂。在心理学研究中，我们会在相关的数据图表中看到一个标有"目标脱离"的栏目框，一个箭头指着另一个标有"新目标/积极结果"的栏目框。现实情境中的目标脱离比这更为微妙，更令人忧虑。莎拉很幸运，因为她是一个注重表现和目标的人，即使她非常沮丧和灰心，但还是能提起精神继续申请新的工作机会。

卡斯滕·霍什和其同事认为，目标脱离是适应性自我调节的一部分，有助于人们减少压力，增加产生积极结果的可能性。我们也必须承认，在现实世界中，情绪调节需要掌握技巧，以及一以贯之的努力。

行动导向和状态导向

当生活变得糟糕，或是压力很大的时候，你会有怎样的应对方式？你会感到喘不过气来吗？还是这些压力会使你更加精力充沛呢？当你意识到自己错过了一个绝佳的机会时，你会作何反应？你会想办法试图弥补，还是会后退几步，苦苦思索？你会如何调整相互冲突的目标或需求呢？如果老板告诉你，这个周末你必须加班工作，而你本来已经向爱人许诺了一个无人打扰的约会，你会怎么做？你会取消约会还是继续赴约？当不得不放弃一个目标时，你会回想起最好的自己，然后继续前进吗？还是会感到非常沮丧，无法行动？

在过去的30年里，另一种心理学理论人格系统交互作用通过关注两种应对方式——行动导向和状态导向——提出并回答了这类问题。这一理论与趋近—回避理论不同，虽然也与依恋类型和父母教养方式有关，但它是从另一个角度来看待目标投入与目标脱离的。人格系统交互作用尤其承认目标实现和目标脱离所引发的压力，因此关注于应对技能。行动导向或状态导向也是在人类生命早期形成的。据统计，西方国家大约有一半的人是行动导向的，另一半的人是状态导向的。这两种导向各代表着一种连续性的行为，可以是在某个特定领域或情况下，也可以是一种显性特征。在极端的压力下，几乎每个人都会变为状态导向。

让我们来解释几个术语：行动导向，顾名思义，以行动为导向，也就是说，一个人在压力之下能够调节负面情绪、唤起积极而明确的自我图像，很果断，不需要依赖外部线索。他在目标投入和目标脱离的行动中都能做出有效行动。而状态导向的行为是指个体在压力情境中，其情绪状态主导了他在现实中的行为方式。当遇到压力或冲突，也就是所谓高要求或具有威胁性情境时，状态导向的人会被负面感受淹没，以至于无法应对它们。当他们不得不在压力下选择一条新的道路时，他们往往会犹豫。他们会反复思考，对外部线索非常敏感，依赖于结构和最后期限，并倾向于拖延。他们很难专注于自身，很难成功做到目标脱离。

行动导向的人在追求目标时，会从失败的想法中脱离出来，忽略其他干扰因素，而状态导向的人则会专注于发现失败的可能性。在压力之下，行动导向的人会主动采取行动，而状态导向的人往往会犹豫不决。行动导向的人专注于任务，而状态导向的人更为反复无常，可能逐渐无法集中注意力，继而脱离正轨，或者干脆放弃而无法做到认知脱离和情感脱离。

正如詹姆斯·M. 迪芬多夫和一些研究者所指出的，行动导向和状态导向之间的差异或许可以解释为什么两个有着相似目标、知识、能力和良好表现愿望的人，不能达到相同的表现水平。

这些倾向在现实生活中最容易在运动领域看到。假设两个能力相当的高尔夫球手正在进行一场比赛，胜负关键就在最后的一洞。其中一名高尔夫球手把注意力全部放在球洞上，在心里演练自己的挥杆动作以及所有能为他赢得比赛的必备动作。他把与对手打平和沙坑等所有的压力都抛诸脑后，反复提醒自己以前是如何无数次将这种球击入洞中的，鼓励自己。他不去留意观众的注视，也不去听他们的呐喊，眼前的问题只有将球击进球洞。而在比赛中一直领先的另一名高尔夫球手将全部的注意力放在了躲避沙坑上，他满脑子想的都是打成平手的比分，以及后来是如何丢掉领先优势的，自己多么愚蠢，如果把球打进沙坑里，对手肯定会输……这些想法分散了他的注意力，他开始关注于避免失败而非赢得胜利，因为他痛苦地感受到了观众在走来走去，脑中一直嗡嗡作响。这就是在高尔夫球场上行动导向与状态导向各自的表现。几乎在所有的运动中、在谈判桌上、在法庭上，以及其他许多活动中，关键人员（在压力之下高效反应）出现这一现象都非常常见。

人格系统交互作用理论假设目标实现既可以发生在有意识的状态下，也可以发生在无意识的状态下。同样，对情感的调节也是如此。行动导向的特点是利用人们直觉情感调节能力，与思维和情感的有意识过程不同，它在很大程度上是一个自动的过程，在人们的有意识之外迅速而轻松地发挥作用。

简单来说，如果一个人能在压力之下很好地调节情绪，那么他也能联结那些直觉程序，包括自己的情感偏好、自我表征和亲身经验。在刚刚提到的例子中，第一个高尔夫球手在压力之下回想起自己的最佳状态。他利用内心的自我形象——他的技能、他作为高尔夫球手的经历、他的信心——来完成这一击。换句话说，行动导向的人与自我的联系更为紧密，更容易了解什么在纯粹无意识水平上激励着他们，之后再与更多有意识的动机相结合。

相比之下，状态导向的人的行为方式就像第二个高尔夫球手一样，陷入了消极的想法中，切断了与他优点之间的联结。他开始从外界环境中寻找线索，主流的环境因素会对他产生影响。这种行为是典型的状态导向，这种人在压力之下无法将自己的最佳状态带到脑海中，失去了无意识的直觉型激励因素。

在实验室环境中测量行动导向和状态导向时，常规的问题如下。这些问题来自朱利叶斯·库尔在1994年开发的量表。请你阅读以下问题，自己做出选择。

◉ 当我知道自己必须很快完成某事时：（a）我必须强迫自己开始行动；（b）我发现很容易就做完了。

◉ 当我被告知我的工作令人完全不满意时：（a）我不会让这件事困扰我太久；（b）我感到沮丧和气馁。

◉ 当我有很多事情要做，并且都要马上完成时：（a）我常常不知道从哪里入手；（b）我发现制订计划并坚持下去很容易。

第一个问题描述了一个高需求的情境，行动导向的答案是（b）。第二个问题和第三个问题代表了威胁性情境，行动导向的答案分别是（a）和（b）。

这些导向似乎是由人们在童年时期的社会化过程而非遗传因素塑造而成的。儿童在婴儿期和童年期学习如何进行自我调节：婴儿在感到痛苦时会去寻求母亲的安慰，在安全和谐的依恋关系下，母亲会帮助婴儿进行持续的自我调节。在这种安全且可持续的环境中，婴儿最终学会了自我安慰，从而内化了从母亲那里习得的线索，使用与初始母性行为形成的相同的神经通路。通过这种方式，具有安全型依恋的个体虽在自我调节的意识上变得自洽，但仍然需要亲子联结。具有不安全型依恋的个体，如果母亲的安抚和协调行为不稳定或有所缺失，个体自我调节的进程就会受到阻碍。

自我调节能力的培养会一直在婴儿期持续。当然，在童年早期，父母的教养方式也会影响孩子管理自己情绪的能力。没有控制与有控制感的家庭环境，以及和谐一致的教养方式——为孩子设立坚定的界限，同时鼓励其探索——能培养出有自我调节能力和行动导向的人。相比之下，如果采用专制的家庭教养方式，对孩子要求过高，总是让孩子遵从自己的命令，那么孩子在这样的环境中会因缺乏一致性和成就感而自我感觉不佳，形成状态导向。忽略孩子感受的家庭环境也是如此。从理论上讲，父母离婚也会导致孩子形成状态导向。

阿姆斯特丹的研究人员开展了一项实验，其结果发表在一篇名为《控制你的情绪》文章中。该文章讨论了行动导向和状态导向的人在相同的情况下是如何应对和处理问题的。在实验中，在填写了有关其行动／状态导向和自尊的问卷后，一半被试者需要回想自己在生活中遇到的一个要求苛刻的人，具体来说，不仅要回忆与这个难相处的人打交道时发生的事情，还要回忆自己当时的感受。为了让这种形象化的回忆更为生动，被试者还被要求用这个人的姓氏首字母来指代这个人，并把他们的一些经历写下来。另一半被试者需要完成同样的练习，但他们回想的是与一个在生活中好相处的人打交道的经历。之后研究者向所有被试者交替展示表现其情绪（快乐、悲伤或中性）的图示化面孔图像，并测试他们识别不同面孔的速度，即在一群带有愤怒表情的面孔中识别出一张带有快乐表情面孔的速度，以及在一群带有快乐表情的面孔中识别出一张带有愤怒表情面孔的速度。最后，所有的被试者需要用一系列与性格特质相关的词句做指认（"这是我"或"这不是我"）。这些有关性格特质的词句中有一半是积极的（有创造力的、可靠的等），另一半是消极的（沉默的、冲动的等）。

将一段要求苛刻、难相处的关系形象化后，行动导向的人能够更快地从带有愤怒表情的面孔中识别出带有快乐表情的面孔。研究人员认为，这是因为他们能够在无意识的过程中凭借直觉自我调节情绪。此外，详细地回想一段要求苛刻、难相处的关系，不会影响行动导向的人的情绪或他们对积极性格特质的自我评价。相比之下，状态导向的被试者在回忆一段要求苛刻、难相处的关系时，他们从带有愤怒表情的面孔中识别出带有快乐表情面孔的速度虽较慢，但能很快识别出自身的消极性格特质。这一发现反映了状态导向的个体内化他人负面期望的倾向，这似乎也得到了其他实验的支持。在回想一段相处良好的关系时，状态导向的人报告了更为积极的影响，并指出更多自身的积极性格特质；相反，行动导向的人的情绪不会受到影响。

如果发现自己很符合状态导向的特征，那么不要感到灰心。虽然在压力之下这些人会产生更多问题，但在较为友好的环境中状态会好很多。事实上，尽管在掌握放弃的艺术这件事上，他们可能没那么擅长，但其状态导向在其他情况下对他们很有帮助。

状态导向的人往往比行动导向的人有更好的表现。他们在面对压力时会犹豫不决，这并不总是一件坏事，尤其是在行动的时机尚不成熟的时候。他们的观望态度有时会给他们加分 (行动导向的人在面对重大决定时也会花更多时间)。此外，状态导向的人确实能够得到他人的支持，而且往往比行动导向的人享有更为亲密的人际关系。他们缺乏自我调节能力的问题，可以通过他人的支持得到改善。

状态导向的人依赖于外部线索 (而非自我的内在表征)，因此他们善于把握方向，相对来说，更能忍受挫折。对于那些需要集中注意力但不是特别有创意或有趣的任务，他们能够投入更多的努力和更长的时间。在这类任务以及需要自律的活动中，他们的表现都优于行动导向的人。不幸的是，正是因为他们依赖于外部线索，所以很容易受自我渗透效应的影响——他们会误把一个外在的目标当作一个自我选择的目标，即使这一目标与个人需求和偏好（对内在自我的描绘）并不相符。

我们都会受环境因素的影响，也会受外部线索与我们大脑相互作用的影响。我们都会采取自视为有意识选择的目标或策略，但实际上它们是我们在无意识的情况下从外部得到的线索。由于对外部线索具有敏感性，桑德·L. 科莱和戴维·A. 福肯伯格开展了一系列实验，考察状态导向的人是否比行动导向的人更容易受到负面启动的影响。在完成一份清单以确定他们的导向，以及完成一个计时的附加任务之后，被试者需要将给出的单词按积极意义和消极意义分为两类。在这些单词出现在电脑屏幕上之前，一个启动词（积极的/消极的）会首先闪现。当目标词和启动词一致时，被试者的分类通常会更快、更准确。正如研究人员所假设的那样，状态导向的被试者的表现更容易受到消极启动的影响，这是他们依赖于外部线索的结果。

第三个实验说明了状态导向在现实生活中是如何不

断得以巩固的。在实验中，一半被试者需要回想他们生活中的一段繁忙时期，而另一半被试者需要回想一段轻松的时光。之后他们进行了另一个情感启动测试，在这个测试中，有着相同数量的积极/消极目标词和启动词。正如研究人员所预期的，消极启动使得行动导向的被试者逆转了启动效应，依旧使用他们的能力来控制和调节来自环境的负面线索。但是，重点来了，在回想了他们生活中一段没有压力的轻松时光之后，状态导向的被试者比行动导向的被试者受消极启动的影响更小。仅仅是想想生活中的快乐时光就能降低他们对消极线索的反应程度。虽然这突出了状态导向的被试者对于环境的敏感性，以及环境是如何影响他们的感受和行动的，但也表明了他们可以在压力时期通过转移自己的注意力来帮助自己。有意识地改变环境，在压力时期想想放松和快乐的时刻，或者在需要调节负面情绪的时候寻求支持，这些可能是状态导向的个体想要弥补潜在缺陷所需要的全部了。

当涉及控制思想和情感时（这通常是掌握放弃的艺术的第一步），状态导向的人与行动导向的人相比处于劣势。如果你在行动导向的特征中看到了自己，那么恭喜你占了上风！但如果没有，请你继续阅读，我们将向你展示如何更好地管理那些令人讨厌的情绪和想法，帮助你学会制订自己的最后期限和计划，更加仔细地聆听内心的声音。

第五章

管理思想和情绪

伊丽莎白经历了一条漫长的职业道路，跌宕起伏，不同寻常。她今年62岁了，先后当过急救医生、心脏复苏专家、职业飞盘运动员、综合健康中心的老板、教师，现在又是一名农场主、作家和养蜂人。她在所有这些职业追求中都取得了成功，她频繁更换职业与失败几乎没有关系。对于什么时候该继续前进，什么时候该选择放弃，她一贯有正确的直觉。她把这一点归功于父母，尤其是她的父亲。她说："父亲教导我独立思考和有所创造是很重要的，让我有能力决定什么时候做我喜欢的工作，什么时候它对我来说不再重要。我一直觉得我有做其他事情的自由，不用被迫继续做那些我不喜欢或不再值得花费过多时间和精力的事情。"作为家里四个孩子中的老大，她印象中自己的童年是温暖而备受赞许的。她的父母和祖父母给了她很多安全感和爱，赋予了她不同的力量：她的父亲很务实，脚踏实地、白手起家；她的母亲教会她相信自己的直觉；她的祖母经常鼓励她，永远支持她。从青春期步入成年早期的过程中，她的生活并非一帆风顺，但她一直相信自己，相信自己的直觉。

伊丽莎白的故事非常清晰地说明了，她在追求目标时一直是基于直觉的，听从自己内心的声音，而不受外界过多的影响。她的目标更为宏大而深远，更像是一种人生哲学:"我的想法是,我要在一生中不断成长,增长知识。进入新的领域,待我吸收了充足的养分后,我会选择改变道路继续前进,这些都是在践行我的人生哲学。"伊丽莎白将放弃视为生活中的一项必备技能:"每次当我放弃某件事的时候,就会有另一扇门向我打开。每次当我进入一个新的领域时,我都发现这是对个人持续发展更好的一步。我真的很喜欢现在的我,我认为很重要的一部分原因就是,我知道什么时候要离开不再适合我的环境了。放弃需要勇气,做出改变并不总是那么容易。我喜欢将对自己的考验拓展到新的生活方式中。"

有时候,当她放弃一项努力时,接下来会发生什么并不显而易见。"虽然我并非天不怕地不怕,但在决定下一步要做什么的时候,我喜欢尽自己最大的努力将恐惧和疑虑抛之脑后。我希望它不会让我变得傲慢或是自私。很感谢我的身体和大脑,我们共同见证了彼此,一路走来悠然坦荡。"她并非从不会思维反刍。"对于如何做出决策和采取行动,我常常有一种直觉。如果还有很多东西与某一决策相关,那么我愿意花点时间多考虑一下。"

她承认,随波逐流的生活会更容易一些。直到40岁她才步入婚姻。她失去了一个孩子,之后的一次流产甚至让她再也无法成为母亲。但她说:"当我知道认真尝试新事物是个好主意时，我希望能有勇气迈出那一步。"她仍然认为嫁给丈夫是她生命中最为重要的一个决定："我总是喜欢变来变去的，能够承诺在我的余生都做一件事，这对我来说很有意义，也很美妙。"她和丈夫一起经营着一个生态农场，已经10年了。

然而，我们不应把她重塑自己的能力简单看作她缺乏毅力，因为在她看来："因为缺乏毅力无法完成某件事而选择放弃，这是一种性格上的软弱。"她发过一封电子邮件，内容很值得分享："放弃的另一种选择是，坚定决心去往最能有所收获的地方。一直坚持下去，（1）直到你到达了目的地；（2）那里不再是一个正确的目的地；（3）你发现自己正在去一个更好的地方。即使你下定决心去这些地方，其中也会有三分之二让你放弃了最初的目标；我的选择中没有（4）去那里太难了，（5）一路上的阻碍太多了。"

伊丽莎白从小建立的安全型依恋，以及她管理情绪和相信直觉的能力，具有许多与放弃的能力相关的特征。她很幸运，在成长的过程中，她不仅能够意识到自己是有能力的，还感受到了自己的自主性，以及为自己设定目标的能力。如果必要的话，她还能够与这些目标脱离。这些目标都是她的内在目标，反映了她的当下需求和长期需求。

当这些目标无法满足需求时，她能够果断放弃。在充满焦虑的过渡期，她也有自我安慰和管理情绪的能力，虽然有时感觉像是在自由落体。

但正如你将要阅读到的，放弃是可以学习的，你的技能也可以得到加强。

情绪智力和自我认知

另一种看待上述技能（尤其是自我调节技能）的方式，是约翰·迈耶和彼得·沙洛维所称的情绪智力理论，对于巧妙的放弃和目标设定都至关重要。他们的早期理论在一定程度上作为丹尼尔·戈尔曼那本广受欢迎、具有文化影响力的著作《情商》的理论基础，但他们公开否认了书中笼统的方法论及其泛化问题。这本书是关于放弃及其所需要的特定技能的。因此为了简单起见，我们仍沿用他们对情绪智力的定义："它是一种能力，用来感知情绪、获取和产生情绪以辅助思考、理解情绪和情绪化知识，并为了培养智性思维而反思性地调节情绪。"迈耶和萨洛维总结了他们的描述："这一定义结合了以上两种观点——情绪让思考更有智慧，以及一个人会智性地思考情绪。"

高情绪智力不仅能帮助你管理情绪，还能让你有意识地调节情绪，提高思考和预测什么会让你快乐的能力。正如我们所了解的，这是人类不擅长的。培养你的情绪智力，不仅可以帮助你在评估目标和抱负时，在其引发的复杂情绪和感觉中不会迷失方向，还可以帮助你处理因放弃曾经想要达到的目标所带来的情绪问题。

让我们首先简单地思考一下儿童是如何学会管理情绪的，尤其是负面情绪。所有这些都发生在童年早期，因此，我们来展示医学博士丹尼尔·西格尔和玛丽·哈策尔研究的一个案例，这来自他们的著作《由内而外的教养》。如果你是家长，你会对这个场景非常熟悉，即使你还没成为家长，也会因为自己的童年经历对此非常理解。在名为《油门与刹车》的一章中，西格尔和哈策尔用汽车做比喻，解释我们的大脑前额皮质是如何被经验所塑造的。在这个比喻中，父母的肯定是油门，否定是刹车，而孩子的情绪调节能力是离合器。设想一下，一个孩子充满了活力，到了合适的年纪，当他可以说出想要什么时，就会开始采取行动。

父母的肯定所产生的积极影响会传达一种热情，是对孩子的兴奋感和自我意识的一种认可，让孩子能够尽情探索。然而，父母的否定是一种制动机制，令人沮丧，孩子会在瞬间感到悲伤和挫败。肯定引发积极情绪，否定则催生消极情绪。理论上，父母会在孩子想要做的事情很危险、不健康、不合适的时候表示否定。做得最好的就是那些善解人意的家长了，他们会指导孩子在活动时远离危险（不要爬书架，不要向兄弟姐妹扔石头），并向他们解释原因。当意识到孩子需要消耗一些能量时，他们会指导孩子做一些更恰当的活动（比如在户外打球）。这样，孩子就能学会如何使用他的情绪离合器。

然而，并非所有的父母都这样。有些父母表示否定，只是想要控制孩子，或是让孩子对流泪或发脾气这种情绪反应感到羞愧，以此来告诉他们这些情绪不值得尊重，产生这种情绪应该感到羞愧。（想象一下，从孩子的角度看，父母的一句"我会让你哭个够"影响力有多大。）西格尔和哈策尔描述了一个哭着的孩子在面对父母因他哭泣而愤怒的场景时会发生什么，"这是一种不良的情况，像是在开车时同时踩着油门和刹车"。同样，那些父母不为其设定任何界限的孩子总是得到父母的肯定或是忽视，无法学会情绪管理。

因此，情绪智力的赛场并非对每个人来讲都是公平的。一些人所拥有的家庭环境，能让他们比其他人拥有更高的情绪智力，另一些人在经历童年生活步入成年后，在这方面的能力可能相对薄弱。但无论如何，准确地了解情绪智力包含哪些内容，可以帮助我们每个人认识自己的长处和缺点。

情绪智力的第一个方面也是最基础的方面，始于婴儿识别积极情绪和消极情绪的能力，包括：

- 识别自身情绪的能力。

- 识别他人情绪的能力。

- 准确地表达自己情绪和需求的能力。

- 辨别情绪表达是否诚实、是否准确的能力。

这一部分理论相对简单直接。这些能力的发展程度会清晰地反映在我们的每一段关系中，与亲人间、在职场中，以及当我们面对更大的世界时。我们设定的每一个目标都处于一定的社会背景下，它们会受我们所讨论的这些技能及其精通程度的影响。

情绪智力的第二个方面包括利用情绪来指导思想和行动的能力。

- 利用情绪来安排思考问题的优先顺序。

- 利用情绪来辅助判断、评估和记忆。

- 了解和管理情绪波动（乐观或悲观），培养多元化观点。

- 利用情绪状态来寻找问题解决的新方向。

这组特殊能力的精细发展将直接影响到我们在某些情况下预测自己情感的能力。当我们决定坚持或放弃一个目标时，能够利用情绪来指导我们对未来事件的思考就非常有用。同样要记住的是，根据丹尼尔·吉尔伯特和其同事的研究，出于某些原因，预测并不是人类的强项。我们的情绪智力越高，我们的选择就越能反映出自己真正想要的东西。理解我们的情绪，了解情绪是想法的一部分，并非与之对立，这可以抵消我们之前谈论的过分乐观和其他偏见。同样，对负面情绪有所了解（认识到它一般来自外部线索）能让我们退一步，从不同的角度来思考我们的选择。理解我们的感受和想法之间的联系，对目标设定的各个方面都很有用，也有助于我们掌握放弃的艺术。

情绪智力的第三个方面更为微妙，它暗示了情绪在决策过程中扮演的重要角色，无论是在有意识层面还是在无意识层面，无论我们要设定一个目标，坚持不懈地追求它，还是放弃它。这些理解和分析我们情绪的过程，反过来都会为我们带来对于生活中的事件、情境和人的情绪知识。从最简单到最复杂层面，包括以下几种能力：

- 归类情绪、识别话语与感觉之间关系的能力。
- 领会情绪的能力。
- 理解复杂或混合情绪的能力。
- 识别可能的情绪转变的能力。

该理论认为，情绪知识在很大程度上取决于，我们能在多大程度上准确地了解自己的感受的能力。有时，我们可以相对轻松地对情绪进行分类，因为情况相对简单，情绪的起因和影响也很容易看到。例如：我们的朋友搬走了，或者是我们的猫去世了，我们很伤心；我们担心不能在项目的最后期限前完成任务，因为现在的进度已经落后了；我们很生气，我们谈了好几个月的交易失败了，这并不是因为我们的疏漏。

但有时候我们很难准确地感知自己的感受。被解雇可能一开始会引起我们的愤怒，但随后可能会演变成羞愧、尴尬或悲伤。与伴侣吵架可能会让我们感到愤怒和沮丧，但与此同时，我们也可能感受到羞愧和悲伤。有时候，不同的感受浪潮会同时向我们奔涌而来，使我们很难确切地知道我们感觉如何，以及为什么会有这种感觉，这种情绪混乱让我们无法确定自己想做些什么来对此做出回应。

情绪智力理论认为，为自己的感受分类并了解自己的感受，这虽是一种技能，但并非每个人的必备技能。丽莎·费尔德曼·巴雷特等人的一项研究认为，能够更好地区分不同情绪的个体，比那些倾向于以一种更为基础的方式来考虑自己情绪体验的人，在调节负面情绪上做得更好。正如研究人员所说的，一些人会以愉快/不愉快这一单一维度来看待他们的情绪，而其他人会在不同的感受之间做出更细微的区分。识别一种情绪并正确地命名它（比如，区分尴尬和羞愧，并了解各自是什么感觉）的能力是情绪智力的核心，可以将能对自身感受有更加微妙和详细了解的人筛选出来。研究人员认为，对自身负面情绪有更多不同感受的人，能够更自如地调节负面情绪，并想出具体的策略来应对。

在巴雷特和其同事的研究中，被试者会记录他们每天最为强烈的情绪体验，如积极的、消极的，同时也会记录他们在两周内为调节自己的消极情绪所做出的努力。研究者的假设得到了证实：更了解自己情绪的个体能够熟练而有效地调节他们的负面情绪。在涉及目标投入时，就像我们反复提到的那样，情绪智力这一方面是一个巨大的优势。管理消极情绪而非抑制消极情绪是掌握放弃的艺术的关键之一。

情绪智力的最后一个分支，即调节情绪并利用其促进情绪和智力发展的能力，也是掌握放弃的艺术的一个核心。包括：

- 对不愉快和愉快的感觉都保持开放的能力。
- 根据情绪是否有用，对情绪投入或脱离的能力。
- 密切关注自己和他人情绪的能力。

● 在不掩饰或夸大事实的情况下，调节消极情绪的能力。

该理论的智慧之处在这里就体现得淋漓尽致了。最后一个方面涉及运用情绪和情感理解来了解对自己的看法、决定，以及能在哪里发现真的自我。对情绪开放即使不一定让人感到愉快或减除痛苦，它也是这一过程的关键，对掌握放弃的艺术很重要。情绪智力的这一方面包括思考本身、思考感受，正如本章所述，它是掌握放弃的艺术的关键。目标脱离涉及思考与感受层面的脱离，你在这个过程中能发挥多大的智慧非常关键。这一过程有一个好听的名字——元认知，简单来说，就是一种了解你在每个当下的感受和想法的能力。在后面的章节中，我们还将讨论如何提高情绪智力水平。

棉花糖实验和延迟满足

学习管理情绪与调控冲动的能力紧密相连，换句话说，与你因为另一个目标而延迟满足的能力紧密相连。这就是"棉花糖实验"的由来。

在20世纪60年代的一个著名实验中，沃尔特·米歇尔和其同事找来很多4岁的孩子进行测试，他们大多是斯坦福大学教师、毕业生和员工的孩子。研究人员让这些孩子待在一个房间里，坐在桌子前。他们的面前放着一个盘子，里面放着一块棉花糖。他们随时可以吃掉这块棉花糖，但研究人员告诉他们，如果他们能忍到研究人员离开又回来时再吃，就可以得到第二块棉花糖。如果他们决定马上吃掉棉花糖，就按铃示意一下，研究人员离开了15分钟。如果你只有四岁，这么好吃的东西摆在面前，一不小心就闻到它的香甜，那么这15分钟可真是太漫长了。

研究人员对部分实验进行了录像，看着这些孩子在选择中挣扎，真是既好笑又折磨人。其中一些孩子干脆拿起来吃了，他们马上就放弃了奖励，研究人员甚至还没走到门口，他们就把棉花糖塞进了嘴里。还有一些孩子坐立不安，眼馋地摸一摸棉花糖，用小舌头稍稍舔一舔，脸纠结地拧成一团，非常努力地忍耐着，但最终还是禁不住诱惑吃掉了棉花糖。但有大概30%的孩子一直等着研究人员回来，他们揪揪头发，摆弄摆弄衣服，把头贴在桌子上，或是用手捂住自己的脸，拼命分散自己的注意力。直到研究人员开门进来，他们得到了第二块棉花糖。

这一实验之所以成为心理学的经典实验，是因为米歇尔和他的同事之后对这些四岁的孩子进行了跟踪调查。到这些孩子成长到青少年晚期的时候，研究人员收集了他们父母的描述、他们的SAT成绩、心理状况和其他资料，结果发现，那些能够抵制棉花糖诱惑并延迟满足的孩子，最终拥有的技能与研究中的其他孩子完全不同。事实证明，那些在学龄前就能够延迟满足的孩子，在青少年晚期更有可能在受挫时表现出自我控制能力。他们也更为聪明、做事更为专注，在他们想要集中注意力时更不容易分心，能够更好地控制冲动。与不能延迟满足的孩子相比，他们是更好的计划者，深谋远虑、做事专注，能够理性地对事情做出回应。研究人员得出结论："学龄前的延迟满足行为与青少年时期能力水平之间的联系，可能在一定程度上反映了孩子认知构建能力的运作。"这种观点认为，学龄前孩子有效的自我延迟行为所反映的特质，可能是社会性智力行为拓展结构的关键组成部分。这一拓展结构通常包括社会知识、智力知识、应对和解决问题的能力。

问问4岁的自己（或许你还能看到自己心里的那个小人儿）：你会马上吃掉棉花糖，还是会等一等？或者是，你可以把棉花糖换成任何其他东西，问问已经成年的自己：你是那种会选择延迟满足的人，还是直接去满足自己的人？

全面审视你自己

花点时间回答下列问题。思考一下自己对这些问题的回答，你就能更好地了解自己对放弃的艺术的掌握程度如何。

◉ 当我沮丧时，我会着眼于长远的未来，还是赶紧找到一个短期的解决方案？

◉ 当事情出现问题时，我一般如何应对？管理自己的情绪对我来说是很容易还是很困难？

◉ 主动采取行动对我来说是容易还是困难？

◉ 我的感受是如何影响我的想法的，对此我有多了解？

◉ 在生活中，我倾向于对消极还是积极的事物做出更多反应？

◉ 我是否经常在事后怀疑自己？

◉ 在倍感压力时，我喜欢寻求支持，还是单打独斗？

◉ 我是否善于解读情境和他人的感受？在我有所感受时，我有多擅长了解这一感受？

学会巧妙地放弃

巧妙地放弃不仅仅是让自己从不再满足需求的情况下或努力中解脱出来。虽然这似乎很反直觉，但如果你被解雇了，你能够在心里彻底放弃就是很重要的，在人际关系中也是同理，下面的故事就很好地展示了这一点。

几年前，在杰克三十岁出头的时候，他被公司解雇了，当时他刚结婚，还有了宝宝。他回忆起自己当时很生气，因为他的上司本来告诉他，他要在公关关系上做出努力得到晋升以显示对公司的忠诚，让自己成为公司的中流砥柱。事实上，杰克很喜欢在公司的职位和日常工作，但上司直截了当地告诉他，除非他向老板展示出真正的野心，否则是无法保住自己的职位的。他照做了，但不到1年，他就被解雇了。这么多年来，每当他和别人讲起这段经历时，他都会气得脸色发青。

杰克已经从业17年了，凭借他的市场经验，很快找到了另一份工作。他是家里五个孩子中的老大，有三个兄弟，成长在一个争强好胜的家庭中。在家里，"坚持到底"是他们的座右铭。杰克的工作干了17年，这在当今美国的文化背景下，似乎是件很不可思议的事情。对杰克来说，时不时就有迹象表明事情在发生变化：公司已经不像他刚入职那会儿发展迅猛了，有了新的竞争对手和管理团队。但杰克还是感到很安稳，他知道自己对正在做的事情很擅长，本性也不喜欢轻易改变，所以他一直留在这家公司。后来，一个比杰克年轻很多、收入低很多的人被管理层安排进了他的部门。六个月之后，没有任何告别仪式，杰克先是被赶出了他的办公室，然后被赶出了公司大楼，离开了17年来每个早晚都要经过的大厅。

在杰克看来，他被解雇肯定是因为他年纪更大，工资更高。他认真考虑过提起诉讼，但诉讼流程可能要经历两年之久才能上法庭，因此他犹豫了。他又生气又愤恨，不停地回想自己的遭遇，提起诉讼似乎是理所应当的，非常公平。但在与家人和朋友充分讨论之后，他意识到，提起诉讼实际上会让他停在原地，他的整个生活可能都要围绕着被解雇这件事运转。他真的想要过那样的生活吗？杰克在一生中从未放弃过任何重要的事情，但现在很显然，他需要放弃这份工作。

从某种意义上说，杰克是幸运的，他说："我不会总是思维反刍，一旦我意识到自己必须把这件事放下，我就开始为自己制订其他计划。我并不清楚自己下一步要去哪里，但仅仅是走出这件糟糕的事，和别人谈谈其他的可能性，就能让我再次出发。我当时并没有想过这是放弃，但从某种意义上说，这名副其实。唯一能让我重新好好生活的方式就是离开这么多年来我一直待的地方——不是因为我被赶走了，而是我决定放下这一切了。这听起来像是某种心理游戏，但实际上不是。"他停顿了一下，又补充道："也许我一直以来都有点儿自我膨胀，可能因为我觉得自己受过良好的教育，有过几份令人羡慕的工作，我就被拔高了。当公司解雇我的时候，我倾向于觉得这是公司的损失，公司放弃我比我放弃公司损失更大，我会在一个更好的地方站稳脚跟。"

当然，杰克所说的是指情感和认知上的脱离。他决定不提起诉讼，因为他意识到这将让他一直停在原地。这与许多离婚事例形成了鲜明对比：许多陷入离婚诉讼的人，实际上就是在一段关系中僵持，日复一日、年复一年，因为他们觉得自己要坚持到赢的那天。

迪莉娅也面临着一个选择，对她来讲非常艰难。迪莉娅是四个孩子的母亲。幸运的是，她在一家销售婴儿有机用品的邮购公司工作了将近20年，没有全然回归家庭。创办这家公司的想法是她的一个朋友提出的，迪莉娅起初过去无偿帮忙，但她对公司的愿景非常有使命感，没过多久，她就开始领取时薪了。随着公司的不断发展，迪莉娅对公司事务的参与也越来越多。然而，随着时间的流逝，她为公司所带来的收益与实际应得到的回报之间的差距开始困扰她。问题在于，她很难坚持自己的主张，提出自己合理的要求。她说："我不知道怎样才能让我的付出与回报相当。我喜欢这份工作，喜欢这里的人，喜欢公司一直追求的目标，基本上这个公司的所有我都喜欢。但与此同时，我感到自己被利用了。我不知道如何提出对我来讲公平的要求，也不懂得如何拒绝。在处理大多数事情时，我都本着忠诚、坚持到底、保持参与的态度，不懂得退缩和设立边界。我真的不知道该怎么办了。"不足为奇，她与朋友和老板的关系越发紧张起来。

最后，事情竟以迪莉娅生病了收尾，未解决的冲突给她带来了太多压力，以至于她的身体被拖垮了。许多研究表明，因承受不住担忧和压力而生病，并非只是说说，而是会时常发生的。迪莉娅虽然最后确实放弃了这份工作，但只是因为她的医生坚持要求她这样做。现在，她仍在梳理自己在这段经历中的得失，但她逐渐意识到，学会放弃是她在未来需要继续掌握的技能。

即使周围环境和处境都由不得你，学会放弃也是重新掌控自己生活的一种方式。

学会应对思维反刍

丽塔的故事从另一个角度解释了为什么有时候放弃很难。她说："我和一个老朋友一起建立了一个非营利性组织。起初，这件事非常激动人心，我们一起进行头脑风暴，为这个组织及其各项职能出谋划策，做了很多基础工作，广泛宣传，大力曝光。我一度感觉棒极了，因为我终于可以将我在企业工作二十余年所积累和打磨的所有技能用在一个更为宏伟的目标上了。但是3年过去了，我意识到自己已经变成了一个乞丐，四处向那些表面上支持我们事业，但实际上并不想向我们提供什么资源的公司讨钱。当然，我们做出这些努力时恰逢经济衰退，公司能够提供的赞助也在缩减，处境尤其艰难。"

她描述了自己的工作和生活是如何一步步变糟糕的："我的朋友就是我的老板。可以肯定的是，她也很烦恼和沮丧，但她确信，只要我再努力一点，事情就能成功。她对我的要求很严格，没有耐心听我的会议汇报。会议上，我和颜悦色地宣传，客户也会微笑着做出承诺，但事后并不会兑现，老板把所有的责任归咎于我。"

丽塔想过辞职，但她也很犹豫："坚持到底一直是我的作风和习惯，我觉得我对公司和老板负有责任。我已经精疲力尽了，但每次想要放弃的时候，我都会被担心团团围住。辞职之后找不到新工作的事例会在我的脑海中盘旋，挥之不去。有些人花了好几年时间才找到新工作，这简直太吓人了。我计算了一下，如果我很长时间没有收入，家里的财务状况会很糟糕，我很害怕，就算是晚上，也无法控制自己不去想最坏的情况。我彻彻底底陷入了困境。"

反思生活中发生的事——无论是路遇挫折、阻碍，还是彻彻底底的失败，都与不断的思维反刍有区别。思维反刍是被动的，它制造了一个只关注对消极事物产生印象、感受和想法的闭环，非常高效地阻止了我们重新构建愿景、想出解决方案和采取行动。它是我们心灵中一个没有门窗的封闭空间，总在一些时刻，大多数人会发现自己暂时被困在了心灵的暗夜中。对于一些人来说，这甚至是一个长期存在的问题。

研究表明，女性比男性更容易陷入思维反刍，原因尚不清楚。苏姗·诺伦-霍克西玛和其同事提出，女性的思维反刍倾向可能反映了在生活上她们比男人感受到更多压力（养育子女的压力、不断增加的角色负担等），也可能反映了女性的社会化过程。研究表明，母亲倾向于在男婴的婴儿时期，教他们控制和抑制情绪，部分原因是男婴通常比女婴更让人操心。我们的文化规范要求男性不去表露负面情绪，尤其是哭泣。这被看作一种软弱的表现。此外，与儿子相比，母亲一般会更早、更频繁地与女儿谈论情绪，特别是悲伤的情绪。

诺伦-霍克西玛和贝妮塔·杰克逊进行了一系列研究，调查为什么女性比男性更容易出现思维反刍，他们发现了许多相关因素。首先，与男性相比，女性倾向于认为负面情绪（恐惧、悲伤、愤怒）更难控制，这种想法让她们很难做到控制自己的这些情绪。这一观点可能也受到了普遍流传的文化观念的支持，即女性天生比男性更为情绪化。其次，女性被社会化了，觉得要对关系中的情感基调负责。针对这一点，研究人员认为，这可能会使女性对自己的情感状态保持警惕，将其作为双方关系发展的晴雨表，进而导致她们出现思维反刍。最后，有一种文化观念可能加重了她们的思维反刍表现，即女性对生活中重要事件的控制力不如男性。无论潜在的原因是什么，女性都应该特别注意生活中使她们陷入思维反刍的人，以及他们是如何影响自己巧妙地放弃能力的。

我们要做的是打开思维反刍的门窗。如果你陷入了某种恶性循环，那么寻求得到他人的支持能让一切变得不同。和一些你相信其判断的朋友多多相聚，和他们聊聊你发现自己被困在了哪里，听听他们是如何看待你的处境的，试着改变自己的想法。当然，一名有经验的心理治疗师也能帮助你摆脱思维反刍的"旋转木马"。试着把注意力放在产生新的思想以中断思维反刍循环上，而不只是试图转移自己的注意力。记住，要不断告诉自己不要担心，这是一种能让你暂时放下担心的策略。有意识地关注积极线索，促使自己采取行动，即使只是列出你计划做的事情，也可以让自己脱离思维反刍的循环。正如实验研究所表明的那样，即使想象生活中发生过的一件让你快乐且无忧无虑的事情，也可以帮助你应对思维反刍。

意识到你是如何任由消极情绪一点点堆积起来的，把你的担忧都列出来，并对其进行分类：哪些担忧会出现，哪些不会出现？应对重复性和侵入性想法的一个策略是正面应战，直面你的恐惧能够消除担忧。想象一下，即使真的面对你反复思考过的最为糟糕的情况，你会怎么做？要是你没能改善关系，导致关系破裂了，会怎样呢？要是你不得不承认自己已经开始的项目很有可能会失败，又会怎样？要是你并非解决问题的合适人选，又如何呢？

在回答了最后一个问题"我是解决这个问题的最佳人选吗？"之后，丽塔终于允许自己放弃了。"我意识到，我过去是想对在工作中发生或未发生的所有事情负责，但当我认真回顾一下我的岗位职责是如何一再变化时，我才意识到我最初只不过是一个自愿帮忙的人，后来的角色转换对我来说多么不合适。我对后来的角色并不适应，可能也慢慢表现了出来。一旦我明白了这一点，我就不再焦虑了，开始重新盘点自己的生活以及我想要什么。我要做的事情很明确，于是我辞职了。"

暴露脑中的白熊

丹尼尔·韦格纳发现了在我们的思维中"白熊"是怎么运作的。他在一篇名为《放下脑中那只白熊》的文章中提出了一些对付脑中白熊的建议。他的大多数建议都非常实用，值得推敲。尽管他承认，没有一个建议是经科学证实的。首先，他认为我们要认识到，承受压力和超负荷工作会降低人们的自控能力，所以无论你做什么，只要能减轻自己的心理负担，都会很有帮助。意识到自己正在处理的记忆任务，并释放压力来快速反应。你也可以想象生活中放松而快乐的时光，这被证明对状态导向的人很有效。韦格纳认为，有意识地为自己安排一个焦虑时间，只在这段时间内思考你所担心的问题，研究者称其为"思想延迟"，这对一些人来说非常有效。

虽然听起来可能有些反直觉，但邀请白熊进入脑中也许是最好的策略。有意地去想，就能够充分暴露它。你可以把它大声喊出来，也可以直接在脑中想它。

你也可以尝试冥想或其他培养正念的练习。这最初是佛教中的一种修习之道，有意识地将心引导到当下，关注此时此刻的体验。当下的平静可以抵御思绪或担忧一直占据内心状态。不同的诱导正念练习可能包含不同的元素，包括呼吸技巧、瑜伽或是其他活动，但都殊途同归。

什么才是好的工作？

据吉尔自己说，她花了13年的时间才彻底放弃律师行业。和许多年轻人一样，刚从大学毕业的时候，她对自己未来的职业道路并不确定。她拥有理科学位，但她知道自己不想去医学院或是继续攻读博士学位。教书对她来说很有吸引力，但挣钱较少，她的助学贷款还没还完，对她来讲并不合适。法学院最后几乎是唯一的选择，但她现在自己终于意识到："我不太可能对成为一名律师或对法律充满激情。"

但她对此很擅长。她在法学院成绩优异，毕业后加入了一家专注于诉讼的律所。她喜欢她的同事们，同事们也很喜欢她，问题是她讨厌这份工作的争辩性。"我知道这听起来很疯狂，但对我来说这真是最糟糕的职业选择，因为我讨厌与人争辩。我从一开始就知道这一点，但我已经投入了太多时间，成为一名律师，从事法律工作，甚至只是想想放弃都很难。而且，我也想不出什么替代选择，只能继续在这条路上走下去。"

　　5年后，她跳槽到了一家薪水更高的大型律所。在第一次休产假时，她认真地考虑过辞职，但家人和朋友都不支持她：她的薪水很不错，工作也体面，大家一致认为她是身在福中不知福。她只好先把这个想法搁置。然而，日复一日的生活并没有好转，每当她考虑转换赛道去寻找自己真正热爱的东西时，都会面对大量的否定声音。就连她的丈夫也觉得辞职没有任何意义。如果一直坚持到成为律所合伙人，她就能减少出差和工作时间，有更多的时间陪伴家人。而且，如果她愿意的话，再坚持10年，她就能赚到足够的钱，提前退休了。

　　吉尔平静地说："虽然我讨厌离家漂泊的日子，但辞职并不意味着去做全职妈妈。事实是，我的孩子们都很快乐，很有活力。我不在家里的时候，孩子们的爸爸会陪伴他们。我的薪水让我们的生活很舒适。让我难以接受的是，想要辞职是为了我自己，为了我自己的需要，这让我感觉很自私。我工作的时间越长，就觉得对每个人的责任越大——我的丈夫、我的孩子、我的父母，因此我要继续工作下去。但与此同时，我就越讨厌这份工作，所以我把成为律所合伙人当作我的过渡目标，希望这能让我感觉好一点。"

　　最近几年，吉尔一直在接受抑郁症的治疗，有时还接受药物治疗。她说："不幸的是，这与激素分泌失衡没什么关系，我就是讨厌现在的工作而已，我讨厌它给我带来的不舒服的感觉，即使我在工作上一直很成功。"她后来成了合伙人，赚得更多了，但一切都没有改变。后来，管理层向律所的合伙人提出，如果他们愿意的话，可以不必全天上班。吉尔抓住了这个机会，却发现自己遭到了坚决的反对。她说："他们撤回了这一提议，就好像我的要求很过分一样。他们明确告诉我，我的工作该怎么干就怎么干。"

那一刻，吉尔意识到她只有两种选择：留下或离开。她决定提前一年提出辞职，这样她就可以履行对客户和同事应尽的义务。这一决定让她立刻感觉好多了。公司很赞赏她处理事情的方式，作为回报，在接下来的一年中也很善待她。

吉尔说："在这个漫长的放弃过程中，我渐渐真正地了解自己。我最终被迫弄清了自己想要什么，而非走上一条被我不想要的东西所定义的道路。"尽管她并没做出备用计划，但她给了自己一年时间来寻找新的立足点。她决定在教育领域发展一番事业，这是她很久之前就感兴趣的领域，虽然当时因为不切实际而没有选择。但现在她有多年的收入和积蓄来做缓冲，从事教育事业似乎变成了一种可能，她开始系统性地探索这一领域。她在一所学校做志愿者，观察教学模式，并作为代课教师授课。吉尔深信这对她来讲是一条正确的道路，于是她重回校园攻读教育学硕士学位。

吉尔现在很高兴从事她的事业——教授科学课程。她喜欢成为团队的一员，指导年轻人，感到自己融入了一个更大的社区，在为更高远的目标做出努力。她很高兴自己有时间陪伴家人，而不是疲于通勤或是因法庭审判被困在另一个城市。她说："很多人认为我的选择是牺牲了高收入，我也受到了一些批评，但也有一些前同事说他们很羡慕我现在的生活。的确，我现在的生活不像之前那样经济稳定而轻松了。但与此同时，我每天都在做着自己热爱的事，这本身就是一件幸运的事。"

有意识的目标设定

虽然我们在这一章中强调了认知脱离和情感脱离的重要性，但掌握放弃的艺术还涉及将思想、感受和精力转向一个或多个新目标，以及想出实现它们的策略。在下一章中，我们将谈谈如何评估已有的目标以及如何为自己设定未来的目标。

━ 测一测：你对放弃的态度 ━

这一练习旨在增强你对自己如何处理情绪的了解。请阅读下列表述，选择同意或不同意。

1. 我认为自己是一个现实主义者，我的乐观给我带来了很多好处。

2. 我认为自己是一个现实主义者，考虑事情的负面影响并没有让我心力交瘁。

3. 每当做完一件事时，我就要担心将要做的其他事情了。

4. 如果我对一件事已经尽力了，我就会把它从脑海中抹去。

5. 在工作中，我将注意力放在避免犯错上。

6. 在任何情况下，我都专注于做到最好。

7. 当我沮丧的时候，我很难关注事物积极的方面。

8. 我会通过回想快乐的时光来缓解压力。

9. 在和别人争论时，我很容易发脾气。

10. 即使我在跟别人争吵，也尽量不对他表现出敌意或是贬低他。

11. 面对压力时，我会有意识地抽离出来，不做出反应。

12. 面对压力时，我会尽量对他人的观点保持开放。

13. 别指望我主动和别人和好，我永远不会那样做的。

14. 我试图想出建设性的解决办法来停止争吵或处理分歧。

15. 我非常担心失败，以及如果我失败了，别人会怎么看我。

16. 每个人迟早都会在某件事上经历失败。

17. 我真的很难从失望中释怀。

18. 我一直在努力忘掉过去的伤痛和失望。

19. 我讨厌自己紧张、焦虑或害怕，我会尽我所能让自己不去有这种感觉。

20. 当我难过或是害怕时，我会聆听自己内心的声音。

21. 当丧失一个机会或失去优势时，我会非常生气。因为我非常好胜，忍不住会想发生过的事情。

22. 当事情发展不对时，我会尽力提醒自己擅长什么，我还有其他机会。

23. 我不相信直觉，只相信清晰的思考。

24. 我认为，听从我的直觉，留意我的感受是很重要的。

25. 我在压力下会情绪失控。

26. 我能够通过运动或是和朋友聊天，让自己平静下来。

27. 我认为表露情绪是一种脆弱的表现。

28. 在行动之前，我会关注自己的感受。

在以上描述中，你对偶数项同意的越多，对放弃的艺术所掌握的就越多。

第六章

盘点你的目标

刚开始读本书的时候，你可能以为自己很好地"驾驶"着自己这辆"车"，但渐渐地你可能意识到，自己对这辆车的控制能力并没想象中的那么强。是时候帮你调整刹车、方向盘和油门了，这些都是你的有意识行为，这样你就可以开始评估你的目标，看看它们是否可行，目标之间的联系是密切还是相互矛盾，以及最重要的是，它们是否让你快乐。但首先，我要给你讲一讲看不见的大猩猩，它可能会再次让你感到，自己其实并没有很好地驾驶着自己这辆车。看不见的大猩猩在这一点上非常关键，因为它证明了，至少对于我们中的一半人来说，当我们全神贯注地专注于一个目标时，我们的注意力范围会随之缩小，这使得我们很有可能对关键信息视而不见。

为什么我们对细节的关注与我们脑海中想象的差别很大，这是怎么回事？当我们开始盘点目标，并考虑是否要放弃其中一些目标时，对这一点有所了解很重要。

你看到大猩猩了吗？

在20世纪90年代末，哈佛大学的两位研究人员丹尼尔·西蒙斯和克里斯托弗·沙布利斯决定继续研究乌尔里克·奈瑟尔在20世纪70年代首次研究的关于注意力的一些惊人发现。他们对两组学生在实验中的表现进行录像，其中一组学生穿着黑色衣服，另一组穿着白色衣服，他们要互相传递一个橙色的篮球。在录到大概一半的时候，一个身穿大猩猩服装的女人走近玩家，并面对摄像机捶捶自己的胸后离开，这一过程大约持续9秒（整个录像大约1分钟）。之后西蒙斯和沙布利斯在实验室放视频给学生们看，把他们分为两组，让他们数白队和黑队各自传球的次数。研究人员进行了一系列不同的实验，让学生们要么只计算传球的次数，要么同时计算传球和回球的次数。然后，研究人员问这些学生是否注意到视频中有什么不寻常的地方，最终引出了终极问题："你看到大猩猩了吗？"最令人惊讶的是，大概有一半的学生说完全没看到大猩猩。事实上，他们感到非常震惊，现场居然有大猩猩。

我们已经知道了，我们看到和判断的东西实际上有多少是由自动过程控制的，有多少是由大脑相对有限的能力所控制的。我们的大脑被外界事物大量刺激，被我们的感觉器官接收的大量信息所占据。一半的学生没注意到大猩猩的现象叫作"非注意视盲"。最终结果是一半的学生因过于关注传球和回球的次数，以至于对显而易见的大猩猩都视而不见。他们没能看到大猩猩这件事让我们感到惊讶，因为人类往往会高估自己随时随地关注细节的能力，在多任务处理时更是这样。非注意视盲解释了为什么目击者的描述会非常不可靠（我们完全高估了自己获取细节信息的能力），以及为什么我们对事件和情境的记忆常常是错误的。

西蒙斯和他的同事想知道，没有留意到大猩猩出现是否与观看视频这一被动行为有关。在二维空间中会让人产生某种视盲的情况，在三维的现实世界中是否就不会发生了。他们为此设计了一个巧妙的实验，在实验中让一名实验人员假装成在大学校园里迷路的访客，手里拿着地图，随机地向路人问路。当实验人员和乐于助人的路人交谈时，有两个实验人员抬着一扇门经过，暂时挡在他们之间，实验人员会被挡住一段时间。在门后，另一个实验人员替换到之前第一个实验人员的位置上，手里拿着一张一模一样的地图，继续与路人交谈。这些乐于助人的路人年龄跨度从20岁到65岁不等。

同样，只有一半的人注意到实验人员被调了包！有趣的是，所有注意到换了实验人员的路人都与实验人员的年龄相仿，所有年长的路人都没注意到换人。研究人员假设，注意到换人与双方是否属于同一社会群体（年龄相仿）有关，属于同一社会群体的人会对彼此的个人特征更为注意。换句话说，年长的路人会直接自动地将实验人员归类为别人（年轻人），不去过多留意。要知道，人类习惯于评估情况（是否危险、是否友善），而对这一评估过程毫无意识。

为了验证这一假设，研究人员再次进行了实验，这次他们乔装成建筑工人。当然，就大学校园里的人来说，他们是学生群体之外的人。尽管实验人员穿着相似，但他们还是很容易被识别出不同：其中一位实验人员戴着印有字母的帽子，腰上别着工具腰带，穿着浅蓝色衬衫，而另外一人戴着没有标志的帽子，没有工具腰带，穿着黑色衬衫。这一次，所有停留交谈的路人都是年轻人，而其中只有三分之一的人注意到了实验人员的替换，甚至比第一组实验中发现的人还少！

如果你表示怀疑，认为这一定是一群不够细心的路人，要是你的话，肯定会注意到建筑工人换了人（就像你觉得能看到大猩猩一样）。没关系，很多人都会像你这样想。事实上，在丹尼尔·莱文和其同事的后续实验中，这一变化觉察的场景要么以描述的方式，要么以照片的形式展示给被试者。结果高达83%的人自信地说，他们会注意到场景中的变化，远高于在实际实验中注意到变化的被试者比例（比例达11%）。当被问到向路人问路的人员替换实验时，大约有98%的人确信他们会注意到人员替换。

了解"非注意视盲"和"变化视盲"非常有用，特别是当它们与目标追求有关时。当专注于一个目标时，我们可能会对真实情况熟视无睹。事实上，"看不见的大猩猩"可能是一个最有价值的隐喻，它解释了当你一心一意地追求一个目标并完全专注时，会忽视别的事情。你可以用任何事物来替换"大猩猩"：你一直所忽视的婚姻中的紧张关系，无论多么努力也无法靠近你的目标的种种迹象，甚至可能是给你带来更高生活满意度的更容易实现的目标——你可能会从中意识到。可见没能看到大猩猩所带来的代价有多大。同样地，你对自己辨别细节和准确评估某种情况的能力过于自信，这可能会让你看不到追寻目标的其他方面。即使你可能看不到大猩猩，但知道它有可能存在，或者知道自己有可能留意不到人员的替换，这是通往自我修正的第一步。

如果你自认为自己是那一半看到大猩猩的人中的一员，那么我们还是希望你能时常想起大猩猩这件事。这适用于98%像你一样的人，对能够注意到周围环境中的每一处细微变化，他们往往过分自信。记住，像我们在第一章中所描述的那样，人们设定目标和追求目标的方式都会受到无意识和自动过程的影响。在你评估自己的努力有多成功时，可能会更关注成功而不是失败，你也可能会把一些失败看作临近成功。毕竟，我们都只是普通人。

然而，很多关于目标、目标设定和动机的大众智慧，往坏了说是错误的，往好了说过于简单了，很可能你并没有根据自己的实际需求来考虑目标。让我们看看一些适用于你手头任务的方法吧。

正确构建目标

《疯狂的目标》实际上是哈佛商学院一份白皮书的名字。该白皮书挑战了过去25年关于工作环境中目标设定的研究所积累的一些智慧。不得不承认，有些东西是非常反直觉的，在评估你的目标，分析你所效力的公司如何使用激励方面，用处不大。如果你正考虑自己创立一家企业，从事一些创业活动，或与他人合作创业，这些研究报告就很有价值了，它们同样适用于人际关系方面。本节的重点是让你有意识地思考自己的目标，还有什么比商业世界更适合研究目标这个问题呢？

让我们先从理论家已经提出的观点开始。正如爱德温·洛克和盖里·莱瑟姆在一篇重要的总结报告中所讨论的那样："与模糊、抽象、简单的目标（比如，"尽力而为"的目标）相比，具体的、困难的目标能使个体具有更高水平的任务表现。"这一结论基本上就是在重复那句谚语"门槛越高，表现越好"，但这句话有一个重要的限制条件：这个人必须致力于目标实现、有达成目标的能力或技能，以及没有相互冲突的目标。关于目标冲突的问题尤其重要，因为虽然在工作环境中，我们可以避免目标间相互冲突，特别是在由第三方制定目标时，但在更大的生活背景下，没有相互冲突的目标通常难以做到。因此，目标的一致性很重要。这句谚语认为，与简单的目标相比，更为困难的目标不仅会激发更多动力，还会激发个人更大的成功感和满足感。

但是，在一定程度上，困难的目标所带来的好处，与你为自己所设定目标的一些注意事项相矛盾。这也是值得关注的问题。

提高门槛并不能增强技能习得。这一点，很多人都应该牢记，尤其是家长。只关注学习目标的表现，一味地关注成绩而不是技能的获得，会让人视野狭窄。例如，一项研究表明，那些不只是取得好成绩（比如，专注于掌握特定学习材料、利用互联网学习等）的工商管理硕士反而取得了更高的平均分。这或许有助于解释为什么在高中和大学中，对考试成绩和分数的过分关注，不仅导致了学生技能习得水平的降低，还导致了作弊行为的盛行。

正确构建目标是很重要的。根据前几章中关于目标构建、目标回避和目标趋近的讨论，这句话指出了各种"胡萝卜加大棒"的方法[1]在现实生活中是如何发挥作用的。有一些智慧可以应用到你的目标设定中，以及别人给你设定的目标上，无论是在人际关系中还是在工作中，要确保目标的门槛不要太高。这是另一个让我们放弃"吃一堑长一智"这一想法的原因，成功并不一定会从失败中得来，因为大多数人都没有从失败中吸取教训。此外，以挑战的形式呈现目标，比那些包含失败威胁的目标，更能引导人们产生更好的表现。

许多研究都展示了目标构建是如何直接影响表现的。在阿纳特·德拉赫-扎哈维和米立安·伊瑞兹的研究中，被试者要根据商业数据来预测股票的市场行情，结果发现，被视为挑战的任务与被视作威胁的相同任务之间存在差异。被视为挑战的任务能够让人产生更好的策略和结果，被视作威胁的任务则只会让人关注当下的表现和失败的可能性。在实验中，研究人员在构建被视为挑战的任务时，要求被试者提供自己的姓名和电话号码，以便与表现最好的人取得联系；研究人员还告诉被试者，之前完成这些任务的被试者中只有15%取得了成功；而在构建被视

1　指的是一种奖惩并存的激励政策。——译者注

作威胁的任务时，研究人员要求被试者提供自己的名字和电话号码，以便与表现最差的5个人取得联系。研究人员补充说道，在之前完成这项任务的被试者中的85%都失败了。最后，研究人员要求被试者：（1）尽最大努力完成任务（简单、模糊的目标）；（2）达到正确预测概率为80%的目标（具有挑战性，基于表现的目标）；或者（3）在长达1个小时的测试中，将前20分钟用于寻找成功完成任务的最佳策略上（具有挑战性，更为宽泛的目标）。结果发现，执行被视为挑战任务的被试者的表现明显优于执行被视作威胁任务的被试者，那些注重策略而非表现的被试者表现最好。

事实证明，如何构建你的目标是至关重要的。

想想福特"斑马"事件

为自己设定更高的目标是一个好的策略吗？根据奥多涅斯和其同事所写的一篇名为《疯狂的目标》的文章来说，事实不一定是这样。

也许牢记福特斑马事件没有牢记"缅因号"那样具有持久的影响力，但它是奥多涅斯及其合著者所提出的最好的例证之一。（他们的论文发表于2008年金融危机爆发前，所以他们对次贷危机和银行设定的目标等没有详细的描述，但他们确实提到了一个先兆——伊利诺伊大陆银行的倒闭。）

　　福特斑马事件的经过是这样的：20世纪60年代末，李·艾柯卡，这位传奇的畅销书作家、福特公司总裁和营销大师，对外来的竞争感到担忧。他宣布公司将生产一种价格不到2000美元，重量不到2000磅[1]的新汽车——福特斑马，并将很快投入生产。福特公司为了履行其承诺而全力以赴，然而目标和上市时间的压力迫使经理不得不偷工减料走捷径。被削减的许多项目中就包括安全检查，事实证明，这次走捷径带来了不少问题——福特斑马容易出事故起火，但高管们并没有停下来重新设计这款车。考虑到艾柯卡的目标要求依然非常坚定，他们做了计算，认为无论汽车缺陷所引起的诉讼会花费多少，都能被他们的汽车销售额所抵销，当然艾柯卡设定的目标也就能够实现了。

　　福特斑马事件只是我们想要对高门槛目标提出警告的例子之一。由追求实现单一的困难目标导致的注意力狭窄，不仅会鼓动人们像福特的高管那样走捷径，还会助长以实现目标为名义的撒谎和欺骗。有趣的是，这篇文章中谈到一个例子：一次灾难性和失败的珠穆朗玛峰探险。这后来成了乔恩·克拉考尔《进入空气稀薄地带》一书的主题。在这个例子中，经验丰富的登山队领队一心想实现他

1　　1磅≈0.454千克。——编者注

们客户的目标，即登顶珠穆朗玛峰，就像福特的高管们对待艾珂达所设定的目标一样，他们对这一目标的专注让他们失去了原有的谨慎和判断力。

除了福特斑马事件，还有一些例子进一步阐释了通过设定时间限制来达成目标对人类行为的影响；同样地，过于有挑战性的目标也会催生大量不可取的冒险行为。同时设定太多的目标也是如此。最后，严格的目标设定会削弱商业环境中人们的内在动机。作者断言，这些都是设定高绩效目标的可预见性后果。为了公平起见，我们必须补充一点，对《疯狂的目标》一文的反驳是由艾德温·洛克和加里·莱瑟姆提出的，他们批评了两位作者对逸事的使用。

这些例子对于我们这些试图管理自己目标的人来说，有什么启示呢？这里有一些建议，虽然没有经过科学的检验，但它们与研究所揭示的情况完全吻合。

设定绩效目标不一定是件好事。把你想要达到的目标作为一个学习目标，需要掌握某些技能或制定策略来实现最终目标，这可比简单地设定一个绩效目标更有帮助。当然，关于坚持的文化智慧倾向于强调，人们因此倾向于从这些方面来考虑他们的目标。在工作领域，人们设定的目标可能是每年赚15万美元，5年内成为公司的副总裁或合伙人，达到一定的销售额，等等。但是，专注于你将如何达到目标以及如何灵活运用你的策略，这比只关注绩效更有可能增加成功的机会。

这同样适用于我们在人际关系方面设定的目标：缓和关系、改善沟通、变得更亲密、结交新朋友，最好是通过思考你需要做什么来实现目标，而不是考虑结果本身。这需要一种思维上的转变：与其想着要为自己找到合适的伴侣，不如想想当你遇到考虑一起走下去的伴侣时，你能做些什么来让自己更为开放，更善于沟通。在下一章中，我们将讨论如何通过心理对照来帮助你在追求目标时取得更大的成就。

构建目标是成功的目标设定的关键。在你开始评估自己的目标，以及它们如何与你的幸福相关联之前，了解自己如何应对生活中挑战是必要的第一步。如前所述，你看待事物的方式（或趋向，或回避）会影响你为自己设定目标，以及你如何应对为实现这些目标所做的工作。除了要有意识地明确目标外，你还要能够充分地意识到该如何构建它们，或者对于外在目标，其他人是如何为你构建的。想象一下，你被分配了一项任务，并被告知尝试了这项任务的人中有85%都失败了，这时你是否更倾向于认为，你是属于那15%尝试成功的人？挑战所带来的压力是会让你充满活力,还是让你陷入困境、止步不前?（这是判断你属于行动导向还是状态导向的一种巧妙方式。）

如果你在人际关系中遇到了困难:可能是与配偶、朋友、亲戚或同事之间,你会倾向于将这种困难视为一种挑战（如果我们学会不为小事争吵,我们的关系会更亲密）,还是经常会把它当成一种威胁（如果我们在一件小事上都吵个不停,那我真是不知道我们怎么还能在一起）?你对这两种构建方式有什么看法?无论是在工作领域还是爱情中,任何的人际关系都需要多多关注对方是如何构建他的目标,实现你们的共同目标的。我们所提倡的对目标的有意识评估,依赖于意识到存在目标构建的过程。

一门心思做事并非总是有所帮助。除了坚定的个人主义之外,我们的文化信仰总是提倡人们把目光放在奖励上,但正如看不见的大猩猩和福特斑马事件中所展示的那样,这未必是最好的方法。事实上,在许多方面,一门心思做事与心理对照正好相反:心理对照有助于你学会如何在最好的状态下做事;一门心思做事也会让你更容易受到其他认知曲解的影响,更容易妥协于临近成功、间歇强化、沉没成本谬论,以及"迷信的鸽子"（一个基于斯金纳同名文章的现象）。

首先,我们要向动物爱好者和保护者道歉,斯金纳所做的实验发生在60多年前。当时他把一些非常饥饿的、故意被禁食的鸽子放在一个笼子里，每隔一段时间会有一盘食物被送进笼子。斯金纳发现，其中四分之三的鸽子会将食物出现的因果关系归因于自己的行为。斯金纳是怎么推断这一点的呢？答案是他观察鸽子的重复行为。无论它们碰巧在做什么，当然它们做什么都与研究人员给它们送食物无关。但当食物出现时，它们总会做些动作来让它再次出现。它们做出的行为非常明显：有一只鸽子会不停地转圈，伸长脖子，而另一只鸽子会从一边跳到另一边等。

斯金纳将鸽子的这些行为与人们的一些迷信仪式做类比，比如人们喜欢穿一件"幸运衫"，戴一顶"幸运帽"。斯金纳注意到了保龄球手，他们在把球投出后，会继续保持手臂和肩膀的动作，好像在试图指挥球远离旁边的球槽，击中球瓶。只要你曾走进保龄球馆或看过别人打保龄球，肯定会对这些动作非常熟悉。

想想保龄球手的例子，问问自己，当你一门心思地追求一个目标时，你是否和他们一样？每次在你进步的时候，你是否都认为一定有什么因果关系？你的专注是会让你的大脑自动运转，进行那种让人在根本没有线索的情况下就做出推论的快速思维，还是会关注策略？不管这种专注于奖赏的文化多么盛行，这种一门心思做事的风格，都更有可能让你成为那个投出了球却仍保持着投掷动作的保龄球手。

也许更重要的是，你要了解这一点：注意力的变窄会鼓动你脱离目标所在的情境去看待它，不考虑它与你生活中其他重要目标之间的关系。

你的目标彼此同步吗？我们将会看到，事实上在大多数情况下，我们的幸福并不取决于实现单一目标，而取决于我们在每个时刻离实现这些不同目标有多近。我们大多数人都会同时有短期目标和长期目标、个人目标和职业目标、趋近或回避导向的学习目标和绩效目标。这种专注于单一目标的简化主义思维，激发了许多关于拥有一切的文化讨论。

从目标理论的观点来看，我们能否拥有一切，这与重要目标之间的冲突或一致性有很大关系。2012年安妮-玛丽·斯劳特在《大西洋月刊》上发表的文章就是一个很好的例子。这篇题为《为什么女人依然不能拥有一切》的文章引发了一场激烈的讨论。有人赞同有人反对，为作者赚得了一笔可观的图书稿费。斯劳特是普林斯顿大学的教授，当时担任美国国务院某处处长职务，这要求她必须在华盛顿特区工作，并经常出差；她也是两个男孩的母亲，在她任职的2年时间里，他们和当教授的父亲一起留在普林斯顿。她与一个孩子之间的紧张关系迫使她放弃了在国务院的工作，这就是这篇文章的要点。

在我们看来，真正的问题是，当她的孩子快要进入青春期时，她为什么没有预料到自己在国务院担任高级别领导的目标和做母亲的目标之间可能会发生冲突？那些看似可控的目标，如果与实际情况不一致，彼此产生了冲突，就需要做出选择，这有什么好奇怪的？如果我们执意要拥有一切，那么我们每个人都需要仔细了解目标之间的关系，而不是在愿望清单或待办事项上列出彼此毫无关联的单个目标。以这种方式将我们的注意力转移到更广阔的视野中，也许是拥有一切的唯一方法，无论这一切包括什么。

把我们的目标看作相互关联的，是整个设计中的一环，而不是单一的愿望，这有助于我们权衡自己的决定是否真的有可能同时实现几个目标，我们应该用更多的智慧坚持下去还是知难而退呢？如果我们最终想要的是由几乎一致的目标组成的，我们就处于不错的状态中，但仍然要记住，有些时候目标之间可能会产生冲突。（这正是斯劳特应该能够想到的。）此外，我们还必须做好准备：有时候，我们已经完成的目标可能会让我们不再快乐。

罗伯特的故事就是这样一个例子。他是一名房地产律师，有着一份不错的薪水和一份富有挑战性的工作。多年来，他在这两个方面都做得很好。但经过多年的一线工作，他发现自己对这份工作越来越不满意，一度感到厌倦。此外，在这样一个需要高度关注细节的工作中，他越感到厌倦，就越会担心犯错。他常常由于焦虑失眠，半夜会在脑子里回想细节，这只会让他对这份工作更不满意。他意识到，与为客户管理房地产交易相比，他更想要从事房地产交易。他找到了一个设计师作为合伙人，并买下了他的第一处房产，打算重新装修后出售。就像生活中的大多数变化一样，这种变化也要求他重新设定其他目标，应对新的压力，其中之一就是应对失败的风险。他的新生意想要蒸蒸日上需要耐心和远见，这是他不得不应对的另一件事，还有就是他现在失去了已经习惯多年的稳定收入，自己的信心也受到了新的考验，但他仍然对自己生活中的转变感到高兴。

有时，一个目标需要调整以适应其他优先事项。戴安娜在担任儿科医生时结婚了，这迫使她重新思考自己的专业和职业轨迹。作为独生女，她一直想要孩子，对孩子的爱吸引她从事儿科医院的一线工作。但当她嫁给马丁后，由于马丁从事的是国际金融，他需要经常出差，戴安娜意识到她需要一个工作时间没那么长的工作，所以她转到了放射科。这对她来说几乎是重新开始。她从未后悔过自己的这个选择，她说："对我来说，那时的首要目标是平衡工作和家庭。我从一开始就意识到这一点。放射科是否像儿科一样能满足我的使命感？也许不能，但我的选择是经过深思熟虑的。如果我没有调整岗位，作为一个母亲，我将不得不做出很多牺牲。"

我们中有太多的人发现自己好像生活在永恒的冲突中，这是因为我们没有有意识地选择哪些目标是我们的优先目标。

目标和身份

一个男孩看起来大约六七岁，穿着一身蝙蝠侠的装束。他和父亲正坐在餐馆里等着午餐端上桌。这个孩子高兴地笑着，手里拿着一个蝙蝠侠玩偶，一边摆着姿势一边说："我知道自己长大后想做什么了，我想成为蝙蝠侠。"父亲笑着说："杰克，你不可能成为蝙蝠侠，因为蝙蝠侠不是真的，他只是故事中的一个角色。"小男孩停顿了一下说："好吧，可我还是想成为蝙蝠侠，抓住坏人。"

父亲回答说："那好，你可以当一名警察，或者一名侦探。""不！"小男孩坚定地说："我不想当警察。我想成为蝙蝠侠。"这让父亲吃了一惊，但他还是回答说："杰克，你可以像我一样当医生，我在你这么大的时候就决定以后要当一名医生了，不过你还有很多时间来决定你想做什么。""不！"小男孩说："我想成为蝙蝠侠，而不想当医生。"父亲抬头看看上菜的服务员来了没，好像她来了就可以给他解围似的。"杰克，"父亲说："蝙蝠侠不是真的，你不可能成为蝙蝠侠。"年轻的女服务员刚把他们的午餐放到桌子上，就听见小男孩回答："你说得不对，我可以成为蝙蝠侠，等着瞧吧。"

在我们还是孩子的时候，我们就常幻想自己长大后会成为什么人：兽医还是骑手，芭蕾舞演员还是宇航员，公交车司机还是飞行员，妈妈或爸爸，教授或警察，或者小美人鱼艾莉儿，甚至是蝙蝠侠。对于我们很多人来说，我们成长的轨迹会沿着社会文化所提倡的方向发展：尽早设定目标、稳步前进，令人尊敬或出人头地。（这是史蒂文·斯皮尔伯格的人生剧本——当他还是个孩子的时候，他就知道自己想要成为一名电影制作人，并据此制定了计划，很早就取得了成功，然后一路迈进。）坚持不懈的神话让我们都想要一路上升的人生轨迹，争取实现非常成功（在工作上）或是从此幸福快乐（在人际关系上）的目标，并持续一生。但这些很早就发现了自己的热爱，并顺利取得成功的例子都是极少数的个例。

很多人都会选择不同的人生道路，尝试做不同的事情——不同的工作、不同的关系，寻找到底什么能让他们感到快乐。有些人会找到他们喜欢的工作，但会发现它不能满足自己其他重要的需求和目标，因为人们的身份在生活的不同阶段会发生改变，目标也会随着相互间关系的变化而变化。丹尼尔的故事无疑就是这样的，他如今已经50多岁了。他在20多岁时一直在一家私立学校教书，虽然很开心，但他对薪水和职位的角色身份并不满意。他说："我不愿意看到，20年后的我还穿着老旧的花呢子夹克，给16岁的孩子讲莎士比亚的故事。我真的不想这样，所以我对自己的人生目标做了一些调整。后来我先是当了一名新闻撰稿人，然后通过朋友在一家广告公司找到了一份工作。坦率来讲，我想要有一些声望：对我来说，能感觉到自己和朋友们一样老练、有所成就很重要，挣多少钱也对我很重要。但随着孩子们一天天长大，我的视角开始发生改变。事实是，教书能以其他工作无法做到的方式滋养我的灵魂；广告行业很有趣，竞争激烈，利润丰厚，但我还想要一些别的东西。"随着孩子们逐渐长大，丹尼尔开始一点点地克服困难，重新回到教学岗位，他目前一直在从事教学工作。

注意力分散、竞争氛围激烈或一些临时目标，甚至是日常生活的压力，都可能削弱我们达到预期目标的能力。卡洛琳现在已经53岁了，她在24岁的时候决定从研究生院退学。她说，这个决定现在成了威胁她生存的祸根："我喜欢上课，那时候我已经拿到了24个学分，离拿到学位只差12个学分了，但我也很疲惫，不知道自己想要什么。我要上课，要保住一份工作，要拼命地调整自己，还要经历那些不知道自己想要什么的20多岁的年轻人都会经历的混乱。不久，我从研究生院退学了。"后来卡洛琳结婚了，参加了一些心理咨询课程，也做了几份她喜欢的工作，后来固定从事青少年心理问题的预防和咨询工作。在读了研究生课程并成为一名药物顾问之后，她离开了学校，开始留在家里照顾3个孩子。她说："在当时，无论是从经济上还是情感上说，那似乎都是一个正确的选择，但我当时的确很痛苦。我觉得自己像个没用的笨蛋，所以后来当我接到一个电话，说有一份工作机会时，我马上放下了全职母亲的身份，一点也不后悔。"在接下来的10年里，她在一个公立学校系统从事药物咨询和一些其他咨询工作，直到学校预算削减，这个岗位被取消。

　　30岁之前做出决定的影响力在这个故事中有所展现。因为没有从事社会工作专业的硕士学位或其他高等学位，卡洛琳无法找到一份可以做20年的咨询师工作。然而很明显，她的首要目标是和人打交道，并为他们提供建议，这一目标多年来一直保持着惊人的一致性，尽管她在一开始和其他人生阶段都忽视了这一点。和我们许多人一样，她曾经的决定受到了日常生活的牵制，被其他临时目标分散了注意力，没有完全意识到她的首要目标是什么。

事实是，卡洛琳并非那么与众不同。不过，她现在说的话反映了她所学到的东西："我认为你能为自己做的最重要的事情就是，在你发现什么对其他人来说是重要的之前，先找到自己最看重的事情。当我从研究生院退学时，我不知道自己真正想要的是什么，也没有长远的眼光。我不知道如何关注自己或跟随自己的直觉。多年来，这一直困扰着我。后来我虽回到学校，但学习只能排到次要位置，因为我要挣钱养家，料理家务。现在，我最小的孩子快要高中毕业了，我知道自己想做什么，也知道自己需要做什么来实现它。"

我们都在日复一日地处理优先事项和生活目标。因此，我们更加需要清楚自己的抱负是什么。正如丹尼尔·吉尔伯特所说的那样："我们不仅会无意间走向幸福，还会在进入工作、处理人际关系和很多其他情境中触碰幸福。生活比进行实验和检验理论的实验要复杂得多。"这就是为什么有意识地评估我们的目标很必要，正如我们接下来要讲的琳恩的故事，这个故事可以作为短暂婚姻的一个例子。

琳恩说："我22岁时嫁给了一个父母介绍的男人。他比我大6岁，这是一个相当大的年龄差距，他有着很稳定的工作，而我那时刚刚大学毕业。我曾对结婚有所顾虑，但不知怎么回事，我被一股莫名的力量所裹挟——他当着30个人的面向我求婚，我还能怎么办呢？尽管我也想过不举行婚礼，但那时我对自己做的任何事情都没有信心。一结婚，我就感觉特别压抑，感到自己被束缚住了。很明显，他和我有着不同的人生目标、不同的世界观，看重的事情也不同。在这段婚姻中我坚持了两年，想看看自己能不能一直维系它，但后来我逃走了，名副其实地逃走了。这是我第一次也是唯一做出的如此重大的放弃决定；后来我在28岁的时候再婚了，到现在已经结婚31年了。我很希望自己当时能够换个方式处理离婚这件事——直接和我的前夫谈谈，而不是做一个逃跑的妻子，但我当时没能做到。我后来也感受过孤单和糟糕的情绪，但都没有我第一次婚姻的那2年中的孤独感那么强烈。"

现在，这么多年过去了，琳恩有了一份满意的工作，可以兼顾抚养三个孩子。她说："从这一经历中，我真正意识到了，我需要一段比第一段婚姻更有自主权的感情。这成了我的目标之一，对我很有帮助。"

尽可能意识到自己真正想要的是什么，这需要时间、精力和许多有用的策略。

身份转变的代价

有意识地考虑和评估目标，甚至更进一步，做到目标脱离，有可能会让我们面临一个真实的对于自我认识的转变。这种转变有时会很痛苦。还记得黛德丽的故事吗？这个年轻姑娘的童年、青春期和成年早期的生活都围绕着游泳比赛。她曾问自己这样一个问题："如果我不游泳了，那么我是谁呢？"她的问题反映了转变所带来的情感和心理代价，这种代价可能会阻止我们重新评估目标，无法做到目标脱离。

这正是威廉·布里奇斯在他的经典著作《转变》中所提出的观点。这本书的灵感来自他放弃了做文学教授的经历。布里奇斯将这种身份分离过程描述为内心的一种脱离过程，这种丧失感对人们产生的影响可能比想象中要大得多。虽然不能再叫自己文学教授，向别人介绍自己时，也不能再用这个常用的标签了。根据自己的经验，他本以为会没事的，直到有一天，他的女儿回家问他："爸爸，你是做什么的？"女儿之所以问这个问题，是因为学校课堂上有一场小讨论，谈一谈彼此的父亲都是做什么的。但这使得布里奇斯感到非常不适，因为他不再有过去类似"大学教授"这种一两个名词就可以概括自己身份的标签了，他现在只拥有他称之为"进行中"的一些身份，比如，他正在写作、做咨询、四处演讲。当他意识到，女儿想带回学校的答案不是一堆状态词，而是正常而具体的某个职位时，他感到很心痛。

这种潜在的丧失感让我们许多人无法为自己的目标分类，也无法决定是否继续前进。因此，目标脱离的潜在痛苦得以避免，同时也造成了日常自我身份的丧失——无论是房地产律师、彼得的妻子或女友、艺术家、股票经纪人，还是其他什么身份。当我们被解雇或被爱人抛弃时，失去身份标签尤其会让我们难过。从这种自我定义的丧失感中脱离出来的能力和管理我们的后悔情绪的能力一样，都是放弃的艺术的一部分。

每当我们不得不放弃一个目标，投身于新目标时，都意味着我们要离开安全区，转移到不稳定的，甚至是可怕的未知领域。这通常会是一段颠簸而曲折的旅程。

有意识目标和无意识目标

人类生活中的许多事都是自发产生的，不妨把你所有的有意识的目标都列出来，试着打开你脑中的"愿望箱"，一一过目这些愿望，这是帮助你掌控自己人生的第一步。我们认识到，关于人类思维有许多自动过程的理念可能让人感到不安。人们如果感到自己在控制自己的思维，就会舒服很多。实际上，承认自动过程的存在最终会给你带来更多的控制感。你对有意识目标的执念将从此得到大大的解脱。同时，这也能帮助你了解你的情绪、情感和对目标的态度是如何被没有意识到的力量所塑造的。

关于自动过程存在的证据几乎无处不在。某一天，你开车去上班时会有意识地选择走一条更远的路线，这样你就有更多时间来想想，自己该如何度过这一天；但在另一天，你甚至不知道，为什么自己没走不堵车的圣保罗路，而走了缅因街。你第一次见到杰克时，是什么让你觉得他是个好人，而菲利普是个笨蛋？是什么让你在一种环境中感到很舒适，而在另一种环境中却心情很糟糕呢？为什么在周二的时候，你踌躇满志，看起来能够顺利实现目标，但到了周四，你却只是想着自己全部的努力都是徒劳无功的？为什么在一些夜里，你无论多么努力地想要放空思绪，都忍不住要担忧明天？

我们已经知道，关于所有这些问题的答案，都归因于自动过程的存在，以及大脑为何总是寻找实现目标的方法，即使是无意识的目标。一项研究证明了这一点。该研究的问题是，当你想入睡时，为什么很难清除头脑中的侵入性想法。研究人员做出了这样的假设，虽然这些想法看起来很随机，甚至莫名其妙，但实际上它们是由你对未来任务的思虑所触发的，这些任务可能 (至少在大脑看来) 受益于提前思考。换句话说，当你有意识地只想睡觉时，你的思想或大脑实际上在催促你去思考过去或未来的事。研究人员设计了一项实验，测试提前思考一项未来的任务 (该任务的表现会因提前思考而更好)，证明是否会比不提前思考的任务会触发更多的自动侵入性思维。他们为被试者选择的任务是州名测试。

一组被试者被告知，在完成一项注意力练习之后，他们将接受一个测试。在测试中，他们必须说出尽可能多的美国州名。事实上，研究人员最终并不会让被试者做这个州名测试。注意力练习包括听一段8分钟的关于冥想和呼吸练习的录音。根据丹尼尔·韦格纳所描述的"思维控制的奇怪过程"：告诉人们不要去想白熊反而会让他们想到白熊。研究人员并没有要求被试者清空大脑的想法或忽略自己分心的想法，而是要求他们专注于呼吸练习，写下任何闯入他们脑海中的侵入性想法。当然，录音中只提及了呼吸运动，没有提及关于州名的任何内容。

实验设置了两个对照组，其中一组得到了与测试组相同的指示，但被告知不会有州名测验，只有注意力练习。另一组对照组则被告知，他们将在某一时刻进行关于州名字母的快速计算测试，比如纽约（New York）有7个字母。由于提前思考实际上并不能提高一个人的快速计算能力，因此，研究人员假设第二组对照组也像那些知道自己不会接受州名测试的人一样，不会产生侵入性想法。

结果验证了研究人员的假设。只有第一组也就是那些以为自己要进行州名测试的人产生了侵入性的想法，在播放录音的过程中，产生了多达六个与州名有关的想法。此外，这些侵入性想法并不是有意识的，而是与许多莫名其妙的想法一样具有随机性。正如研究人员指出的那样，"真正值得注意的是，在短时间内的注意力测试中，研究人员一次又一次地提醒被试者要全神贯注于呼吸，被试者却产生了各种侵入性想法，更不用说那些被预测会侵入意识的想法了。"（这段录音才不到八分钟！）这些发现证明了大脑自动化过程的持久性。

当然，你不能改变思维的运作方式，但可以通过增强你对如何追求，以及为什么决定追求一个目标（而不是另一个目标）的意识，减少自动化过程对你的影响。当脑中不断翻滚的想法让你无法入眠时，你应该判断它们是一些随机的想法，还是大脑在试图为你做出计划。你可以做出一个有意识的计划，让自己平静下来，就像是一个有意识地重新集中思维的过程。同样地，通过更清楚地意识到你的感受，以及你为什么会有这种感觉，会加强你对目标的掌控能力。研究表明，心情与情绪截然不同，它会影响你为自己设定的目标和你对目标的追求。

为此，在对目标进行分类之前，我们先来进一步研究一下那些神秘的心情。

神秘的心情

我们已经看到，管理情绪和磨炼用情绪增强思维过程的能力是目标设定和目标脱离的关键。研究心情（一种情感状态）是如何影响目标追求和评价的，会为我们提供一个新的角度去理解它。

那么，心情指什么？我们都体会过某种心情——好的、坏的、极其糟糕的，它们和情绪有什么不同呢？根据经验，心情会影响我们的判断能力和情绪调节能力，并挑战我们的客观性。心情无论好坏，都会影响我们的工作表现，影响我们在派对上的快乐程度，影响我们在孩子发脾气时的易怒程度，影响我们面对压力或解决问题时的反应。我们能从科学研究中了解到心情（特别是神秘心情）的哪些方面呢？

与心情相比，情绪是我们有意识经历的，并且很好找到的原因：你感到快乐是因为你被表扬了，或是你的爱人一直温柔地望着你；你很忧郁，因为你让朋友失望了，或者你的狗去世了。心情则不同了，它们更加分散。有时候你能够意识到自己是什么心情，有时则不能，它很神秘。朋友或爱人问你为什么心情这么好或这么坏，你的回答有时会充满戒备，有时会充满愤怒："不，我没有！"当有人说出你的心情时，你可能会意识到它，但可能仍然不知道自己为什么会有这种感觉。神秘心情的无意识本质表现在两个方面：一是人们对自己的心情缺乏意识，二是人们不知道这种心情因何而起。

当你知道心情好或不好的原因时（比如，你心情不好，因为老板莫名其妙地冲你发火；你心情很好，因为你期待已久的晋升终于成真了），你会意识到心情不仅会影响你的人生观，还会影响你处理信息和思考问题的方式。然而，神秘的心情就不同了，当你在欣赏整个人生风景、在设定目标或在做出决策时，你会因为神秘的心情戴上有色眼镜（乐观明艳的那副，或是悲观暗淡的那副）。当然，仅仅因为你可能没有意识到神秘心情的存在和其产生的原因，并不代表它是无中生有的。产生神秘心情的一个可能原因就是塔尼娅·沙特朗和她的同事们所说的无意识目标的影响，这究竟是什么呢？

无意识目标可能是你追求已久的目标慢慢变成了自动化的行为，如与老板攀谈、学会奉承、努力变得更为外向……或者是你从未有意识思考过的目标。沙特朗和她的同事以约翰的故事来说明这一问题。约翰是一个经常参加社交聚会的人，他很久以来一直有意识地培养自己的行为，以获得社会认可。他参加了太多的聚会，常常会自动切换到聚会模式，自己却意识不到。即使他不再能够意识到自己很久之前设定的目标，受人喜爱和赞赏的目标也一直都在，只要一参加聚会，这一目标就会被激活。然而有天晚上，聚会上没有一个人对他微笑，或是觉得他的笑话好笑，约翰的心情开始变得低落，但他也说不出为什么这个聚会让他如此沮丧。

神秘的心情也可能由环境（物体、人或启动情境）引起，或者由他人的非语言社会行为所引起，心理学家称之为"社交传染"。当你意识到你之所以忧郁，是因为和心情低落的朋友待在一起太久了。这时，你可能就在经历这种情况。

　　神秘的心情不仅在情绪上，也会在认知上影响我们。我们不知道自己为什么会有某种感觉，就很可能将其随意归因，而不是找出它的真正起因。这就像是斯金纳"迷信的鸽子"理论的另一种变体。我们的心情无论好坏，都会影响我们处理信息的方式，从而影响我们的想法以及对目标的判断。和其他证明过分乐观效应的证据一致，积极的神秘心情会引发比消极情绪更不费力的处理过程，让我们为了实现一个并没有现实基础的目标而努力。神秘的心情可以说服我们持续追求一个目标，也可以提示我们目标脱离。更重要的是，试着调节情绪，摆脱当下的心情能让我们设定新的目标。

你可以通过关注自我意识来对抗神秘的心情，让自己专注于可能让你心情有所波动的线索，然后积极调节这种感觉。这是另一个重要步骤，帮你从一个目标中脱离出来，重新投入另一个目标。

接下来，我们将着手规划我们的目标，了解我们的欲望、需求和抱负的范畴。

第七章

规划你的目标

多年来，很多图书和演讲都提到过一个公认的著名且权威的研究。有人说这项研究是针对哈佛大学MBA班1954届的学生，有人说是针对耶鲁大学的1979届学生。这一研究解释了为什么在毕业10年后，班级中有3%的学生的收入是剩余97%毕业生的10倍。答案非常简单，也非常有趣：这3%的人之前就写下了他们的目标。不难看出为什么这项研究取得了如此惊人的成果，因为里面有容易记住的数字、名校光环以及简单有效的成功之道。

毕竟不是都市传奇

然而，学术界其实从未开展过这一研究。就像据说纽约下水道里有短吻鳄一样，这种都市传奇有它存在的理由。碰巧的是，2011年在麦吉尔大学和多伦多大学进行的一项研究表明，写下目标是有益的，详细阐述和反思个人目标实际上能改善努力学习的学生的表现。把你的目标写下来，可以增强你的评估能力——为达到目标所做出的努力是否有效，是否可行。它能够帮助你明确应该继续追求目标还是对其进行脱离。规划目标还可以让你看到不同目标之间的联系，这是非常有价值的。

我们所说的规划目标要使用到笔、纸或面前的电脑，将目标写出来。如果你的可视化想象能力很强，那么你也可以在脑中进行目标规划。然而，对于我们大多数人来说，动手写可以帮助我们厘清重要的思维过程，并迫使我们更清晰、更具体地表达自己的想法和愿望。如果你愿意的话，可以先通读这一章，不必动手后折回，再在纸上或电脑上详细写下目标；或者你也可以一步一步来，一边阅读，一边规划目标。

分类列出你的目标

请用下面几个分类来组织你的目标。你可以把它分成两栏：一栏是短期目标，另一栏是长期目标。你还可以根据自己的喜好，进一步个性化分类。它们只是一个起点，你可以把任何你认为相关的目标都写进去。如何定义短期目标和长期目标取决于你自己。按照你的喜好，短期目标也可以是为期几个月或几年的目标。

人生目标（个人奋斗）

你的人生目标包括与自我成长有关的个人抱负（如成为一名更好的领导者、别那么冲动、对自己的选择感觉更好一些、接受自己的局限性等）。它们可以是宽泛或抽象的目标（如更懂得聆听、更用心、培养感恩之心、更有同理心等)，也可以是具体的目标 (读更多的书、少上网、少花钱、努力解决冲突、掌握一门新语言)。其中应该包括趋近目标 (如养育孩子、经济稳定、拥有一个家、环游世界或者做任何对你来说重要的事情)，以及回避目标。

职业/工作目标

人们在工作或职业上的目标是多种多样的：有人想要成为小说家，有人想要当上对冲基金经理，有人想要找到一份更有趣的工作，有人重返校园之后转行，有人想要赚更多的钱，有人想要为一个更有同情心的老板工作。你可以将自己的目标描述得更具体些，不仅可以描述工作或职业内容，还可以写出希望自己的工作能为生活带来些什么，比如意义、团体意识和归属感、日常生活中的满足感、对智力的挑战等。同样地，如果你有任何回避目标 (比如，远离动荡不安或要求苛刻的环境)，都可以写出来。

人际关系目标

对于人际关系目标，你可以写出自己对与人相处以及归属感的渴望 (比如，建立亲密而令人满意的人际关系、结婚、扩大你的社交圈、加深与朋友间的友谊、改善家庭沟通环境等)。写出具体的步骤可以帮助你实现更抽象的目标 (比如，参加更多的社交活动、做志愿工作、加入运动队、成立读书俱乐部，给孩子做教练)。你也可以在清单中列出回避目标 (远离家庭争吵)。

学习和成就目标

你在列出学习和成就目标时，应该更具体一些，并能够反映以上三个目标。如果你的个人奋斗目标是经济稳定，那么找一份收入更高的工作，偿还助学贷款，或者不背上新的债务，这些可能就是你的过渡目标。如果你正在考虑转行，那么重返校园学习相关知识，或者广泛社交，就可能是你的短期目标。

在初稿中，无须按特定的顺序写下你的目标。如果你想看看目标图的示例，请参阅本章末尾的示例目标图1和示例目标图2。

内在目标还是外在目标

现在来看一下你列出的目标列表。首先问问自己，这些目标是外在的还是内在的。正如心理学家理查德·M. 瑞恩和他的同事们所描述的，外在目标并不仅指那些别人对你提出的要求（比如，父母、导师、配偶希望你成为一名律师，或者教练希望你继续游泳），还包括那些你依赖于他人做出反应或认可的目标。外在目标也往往是达到其他目标的手段，而不止于完成目标本身。当然，我们的文化在一味追捧依赖于外在目标的成功，即金钱、名声和形象。

在一项名为"进一步审视美国梦"的研究中，蒂姆·卡瑟尔和瑞安请成年人和大学生自我报告四个内在目标和三个外在目标，并指出哪些目标或原则是他们生活中最为重要的。这四个内在目标的领域分别是：自我接受（心理成长、自主性和自我尊重）、归属感（与家人和朋友的关系令人满意）、团体意识（通过行动或慷慨的品质让世界变得更好）、身体健康（身体感觉良好、没有生病）。外在的三个目标领域分别是：经济富足（富有、在物质方面很成功）、社会认可度（知名、有名望、受人仰慕）、有吸引力的形象（在身材、着装和时尚方面引人注目）。关注内在目标的人比关注外在目标的人的自我报告显示更幸福，焦虑和抑郁更少，身体疾病也更少。

这并不是说外在目标本身就是不好的，也不是说追求外在目标必然会注定生活不幸福。不要害怕，你可以放心地继续渴望拥有一鞋柜的鲁布托[1]高跟鞋或一辆具有顶级配置的保时捷。真正重要的是：首先，你是否在自主地追求外在目标；其次，这些外在目标对你的自我意识有多重要。不幸的是，外在目标并不能滋养灵魂，正如研究人员所写的，"它们的魅力通常在于获得想象中的别人的仰慕，或者获得它们所带来的力量感和价值感"。事实证明，无

1　某鞋子品牌，后来成为较高社会地位的象征。——译者注

论你在电视上或《人物》杂志上看到什么，名声、金钱，甚至美貌似乎都不能保证你会过得幸福、生活美满，就像甲壳虫乐队唱的那样"金钱买不到爱情"。最幸福、最健康的人是那些大部分目标是内在目标，并且这些内在目标积极地作用于自我意识的人。

在你的每一个目标旁做好标记，"内"代表"内在的"，"外"代表"外在的"。记住，即使是内在目标，也会随着时间的推移而不再焕发光彩；即使是一个长期的内在目标，也会在某个时刻无法再为你带来快乐，因为你的自我意识和需求都会随着时间的推移而变化。虽然这对于个人成长是一件好事，但它会让你的生活变得复杂，有时可能需要你做出痛苦的改变，并放弃目标。

玛丽的情况就是这样。她当了20多年的艺术家，但她现在知道，自己必须放弃了。她在三四岁的时候就知道自己想成为一名艺术家，她有天赋、动力和追求完美的品质。后来她考取了一所著名的艺术学院，在22岁时开始了她的商业艺术家生涯，不久之后就结婚了。她享受着成功的喜悦，从做一张插图转向创作四色书，这给她带来了稳定的版税收入，后来她还把业务扩展到做卡片和日历上。一直以来，玛丽都想要从事有更多自主权的职业，可以做自己喜欢的事，自己安排时间。但这么多年来，她一开始想要的东西让她越来越不快乐。因为她无法高效管理自己的时间，做每个项目都习惯性地拖延，她感到自己像被困在了工作室里，与世隔绝。

想想过去的日子，她说："我的工作方式在生理上、情感上和艺术上都是自我破坏式的，令人筋疲力尽。我的工作很精彩，但它也将我生吞活剥。我错过了家人和朋友的婚礼、葬礼、洗礼和度假。与此同时，随着礼品书需求的缩减，市场发生了变化，我做的工作所得到的报酬越来越少。"她开始慢慢地重新审视自己的目标，并采取措施推动自己发现其他事物。最重要的是，她想走进外面的世界，与别人建立联络，远离她作为艺术家孤独的生活。

有时候，一个看似内在的目标最终反而会受到来自外在的奖励。大卫是一个单亲家庭的孩子，经过深思熟虑，他选择了将《家庭法》作为自己主攻的方向。他的目标是与一对对夫妻打交道，试图减轻离婚家庭成员所经历的紧张和痛苦。经过10年的法律工作，他开始明白，自己为客户所做的努力往往会使离婚的过程延长，有时甚至会加重对其家庭的伤害。这种认识使他陷入了危机，后来他辞去了律师事务所合伙人的职位，重新接受了调停人的培训。他花了2年时间才决定辞职，又花了3年时间才建立起自己的独立调解业务。他现在的谋生之道是受内在动机驱使的，他的工作反映了自身的感受，也是自我意识的一部分。

明确表达并规划目标，预测你在未来不得不做出的改变，这些都是有效的策略。

冲突还是一致

规划目标的下一步是，回顾你的短期目标和长期目标之间是否存在冲突，是否保持一致。问问自己，你的短期目标是否都与长期目标相关，是否可以帮助你一步步通向更为长远的目标。最好的情况是，你的短期目标会增加实现长期目标的机会；而最糟糕的情况是，你会发现一些目标——人生目标或职业目标，它们之间相互冲突。

正如我们已经讨论过的，目标之间的冲突是痛苦和压力的重要来源。当然，某些长期目标——成为大型机构的合伙人、白手起家创立企业、考取医学院并成为一名专家——的实现，这些都需要我们投入大量的时间和精力。这将不可避免地与其他目标产生冲突，毕竟我们的时间和精力都是有限的。要挣足够多的钱的愿望，以及拥有一份滋养内在、令人满意的工作渴望，这两者之间的冲突是众所周知的。成为一名随时陪伴在孩子身边的父母，以及追求自己的职业发展，都需要投入大量的时间、精力和努力，这两者也非常矛盾。同样地，如果你全身心地投入自己的事业中，不太可能有时间培养其他兴趣——无论是打高尔夫球，还是学习装订或做木艺。无论这些对你个人有多大回报，只有你自己能够回答，在两个相互冲突的目标中，哪个对你更重要。没有可以普遍适用的准则。

里克在威斯康星州的一个贫穷家庭长大，他是独生子，父亲抛弃了他和母亲。里克依靠橄榄球奖学金上了大学，在一所常春藤盟校获得了工商管理硕士学位。他在20多岁时就定下了目标，要取得经济上的成功、情绪上的稳定，以及一定程度自主工作的能力。他意志坚定，非常执着，大学一毕业就结婚了，渴望拥有属于自己的完整的家庭。从商学院毕业后，他在一家著名的咨询公司谋得了一份工作，每周工作60到70小时。凭借自己的能力，他很快就远远超过了同龄人，并不断获得晋升和加薪的机会。他得到了老板们的赞扬和赏识，但他长时间工作对他的婚姻造成了伤害。他也对自己在传统企业环境中完全缺乏自主性感到恼火，觉得自己的工作就是取悦老板和客户。然而他一直坚持着，直到他的妻子选择弃他而去，才意识到必须对一些事情做出改变了。

这件事对他来说本该是一个转折点，但可惜没有。他的大多数朋友都和他一样工作时间很长，而他们的妻子都在关注一些长期回报，比如住进大房子、买更贵更好的轿车，他们对此却并没有什么怨言。因此，里克认定问题出在妻子的心态上。大约3年之后，他又结婚了，这一次的婚姻持续了不到1年。在35岁时，他遇到了人生瓶颈，除了一大笔银行存款，他一无所有。他花了将近2年的时间才找到一个有信心做好的创业机会，并开始招揽投资者。他成功地创立了公司，开始每周工作40个小时，这使他能够经营并关注新的人际关系。他终于找对方法，使他的事业追求和个人目标同时实现，而不必牺牲其中任何一个。

如果你发现存在潜在冲突的目标，就另开一栏，在冲突的标题下一个个列出这些目标。如果你的目标是一致的，那么请保持你的清单不变。

趋近还是回避

把你的目标图在面前展开，想想如何规划你的目标。你是习惯从趋近还是回避的角度来看待目标？两者之间是否存在某个平衡点，还是其中一方占明显的优势？关注自己是如何规划目标的，这将帮助你更好地确定是应该继续朝着原本的方向前进，还是需要改变方向，哪怕只是做出部分调整。

优先级问题

为了加深你对目标的理解，请遵循以下描述的步骤进行。目标规划练习的拓展分三步，第一步非常有创意，灵感来自多伦多和麦吉尔大学的研究。

第一步：描述你理想情况下未来的样子。尽你所能充分展开想象，尽可能多地带入细节。你可能会描述一个理想的情况，即你所有的个人努力都取得了成功，你拥有了想要的性格和举止，达到了想要的学习目标。

尽可能具体地描述你的现实目标。想象一下你未来的个人生活和职业生涯，你会在哪里生活，如何生活，你会把自己的时间和精力用来干什么。想想你已经实现了哪些目标，你的工作和生活是否达到了平衡，个人的满足感如何。想象一下未来的社会环境，你的家人和朋友圈，你的经济状况也应该是需要考量的一部分。

第二步：回到你的目标列表，按照重要程度重新用数字为它们排序。如果你也写了一份冲突目标的清单，请把它们按优先级排列出来。为列出的目标之间留出足够的空间，这样你就可以在每个目标下面写上几句话或是短语。之后，划掉那些你觉得不值得列入这一列表的目标，并添加遗漏的目标。在目标优先级的排序上尽可能精确；如果两个目标太接近而难以区分，就为它们编号并标记为（a）和（b）。

第三步：在每个目标下面，用一两句话解释为什么这个目标对你来说很重要，以及实现它会如何有益于你提升幸福感、快乐以及成功的感觉。如果你有一些冲突的目标，请用一两句话说明，为什么你觉得放弃其中一些目标，脱离它们会让你的生活产生变化。同样，用一两句话描述一下你打算继续追求的目标，以及实现它将如何丰富或改变你的生活。

完成这三个步骤后，重读这些关于理想未来的内容，然后按照你的优先级排序回顾目标。问自己以下几个问题：

● 我的目标是否反映了我对理想未来的憧憬？

● 我的短期目标对长期目标有帮助吗？它们是否让我离长期目标更近了一步？

● 我有多少目标是抽象的而不是具体的？我心中是否有实现这些目标的具体步骤？

● 我的策略能有效地帮助我实现目标吗？如果不能，我有其他选择吗？

● 如果不同的目标之间存在冲突，那么我会考虑放弃哪一个？我会以什么标准做出选择？

● 如果我打算放弃一个目标，那么我的计划会是怎样的？我心中还有可替代的目标吗？

● 我的内在目标和外在目标之间是否达到了平衡？

● 在我所有的目标和渴望中，哪一个最有可能让我的未来比现在更快乐？

最后一个问题对一些人来说可能是最难回答的。要回答这个问题，你可以假想已经达到了某个目标，看看自己会有什么样的感受。

用心流体验来评估目标

我们不止一次注意到，我们并不真正了解什么才能让自己快乐。虽然对于个人幸福并没有什么普遍适用的教程，但有一些原理可以帮助我们更好地理解如何识别幸福的来源，其中一个原理就是心流。如米哈伊·契克森米哈赖所述，它是我们在规划目标、评估目标、做出决策时可以发挥巨大作用的一种方法。

心流的概念很容易用例子来解释。回忆这样一个时刻：你正全身心地沉浸在一项活动中，专注于正在做的事情，感觉周围的一切似乎都消失了。当你全神贯注时，没有任何事情能让你分心。这一状态可能出现在你完成某项任务时，你会感到快乐，甚至在这一过程中感到非常平静，全然沉浸其中，以至于失去了时间感。除了有一种与这项活动合而为一的感觉之外，你还能体会到一种深深的满足感，对你所做的事情感到很有意义。这一时刻赋予你一种掌控感，让你从缠绕一整天的日常担忧和纠结中解脱出来。这就是契克森米哈赖所说的心流。正如他所解释的那样，心流是人类的一种普遍体验，没有文化界限，也不受年龄或性别的限制。

运动员经常用心流描述他们在运动中的感受。你可能还记得，我们之前提到的游泳运动员黛德丽，她将游泳比赛描述为"一种无可比拟的疲惫、兴奋和感到自己活着的感觉"；赛艇运动员詹姆斯则谈到自己在比赛时会全身心地专注于一项任务。这些都是对心流的描述。作家在笔下的角色中书写自己，音乐家则说他们沉浸在音乐中。一位织布工描述她在工作时感到的轻松，以及她如何在这个过程中出了神。诗人威廉·巴特勒·叶芝这样描述他在写作时的感受："在这个舞蹈中几乎看不到舞蹈者（舞蹈者与舞蹈融为一体）。"

心流体验并不局限于那些本质上具有创造性的活动，你也不必是一名艺术家或运动员。普通人在日常工作的时候、在编织和园艺等活动中都会体验到心流状态。你会在与朋友的愉快交谈中体验到心流，也会在与孩子相处的时候感受到心流。

体验心流确实需要一定的条件，契克森米哈赖概述了这一点，从他所称的"自成体验"开始。这一术语来源于希腊语"autotelos"（auto意为"自我"，telos意为"目标"）。这是心流体验中最为核心的活动。用他的话来说："这是一种找到自己的活动，而且即使最初出于其他的原因，这种活动也会成为一种内在的滋养。"他对具有内在价值和滋养目标的理解，与我们已经讨论的一些目标理论非常一致。但是，契克森米哈赖还有一些独创性贡献：大多数活动都既不是纯粹自成的，也不是纯粹外成的（他用来描述纯粹出于外部原因而做的活动），而是两者的结合。他的理解使我们能够看到，最初主要出于外部原因追求的目标，是如何逐渐具有内在的意义和价值的，以及它们是如何让我们进入心流状态的。

在他所举的例子中，有一个人是出于外部原因而接受训练成为外科医生的。这些原因包括帮助别人、赚钱和获得声望。但他说："如果这些外科医生幸运的话，一段时间后，他们就会开始享受他们的工作，他们在手术中很有可能会达到一种自成状态。"心流让我们超越日常生活，改变我们的感受，因为我们与自己的行为深深地联结在一起。

一名辩护律师描述了他的心流体验："当我在陪审团面前发言时，我突然意识到我已经掌控了整个法庭。每个人都在看着我、观察我，听我说的每一句话。在那一刻，时间似乎慢了下来，我没有丝毫的犹豫与踟蹰，我有机会仔细地选择我的措辞，精确地组织语言，提前思考我的论点和所说出的每一句话，因为我的思想在措辞之前。当时我完全沉浸在那种状态中，但我仍然能掌控着整个局面。我知道这听起来很奇怪，一个人怎么能同时掌控当下和沉浸于当下呢？但这正是我的感觉。"

一位女教师描述了她在给大学生上文学课时的心流体验："当然，并非每堂课上我都有心流体验，但它的发生还是有一些规律性的。当我和学生们讨论诗歌或小说时，学生们会明显沉浸其中，全神贯注。在那一刻，我就知道他们也进入了心流状态。我可以从他们的脸上看到，他们已经理解了诗歌字里行间的含义，直接地感受到了小说中人物的性格和情感。当下课铃声响起的时候，他们都懵了一下，我也一样。他们坐了一会儿，然后有点不情愿地起身去活动，就好像一个魔咒被突然解除了。"这也是对心流体验的一种描述。

心流体验的理想状态并非取决于活动的自成性，而是一些其他因素，其中包括：

- 目标明确，没有相互冲突，需要做的事情很明确。

- 目标的挑战与我们的能力相当。在日常生活中，如果要求过于严苛，可能会让我们产生挫折感和焦虑感，或者对毫无挑战性的任务感到无聊。

- 要有即时反馈。马上就能知道自己做得有多好，并确信自己所做的是正确的。

- 能够完全专注于活动，而不受干扰。

- 能够完全沉浸在某项活动中，意识不到任何其他的事情。

- 不去思考或担心失败，经历了一种名副其实的自我意识的消失。我们不去考虑别人如何看待或评价我们，也不担心会给人留下什么印象，或怎么影响了别人。

- 我们经历了一种时间的扭曲。

你所做的工作，为了追求自我实现和幸福快乐所参与的活动和兴趣，你所处的人际关系——简而言之，你刚刚规划的许多目标，都可以用心流体验来评估。我们从契克森米哈赖的研究中学到的一个重要的经验就是，要让你所追求的目标的挑战性和你的能力相当。心流源于平衡，这与人们对于成功和快乐的源泉的传统理解背道而驰。这是放弃"门槛越高，表现越好"这一大众智慧的又一个有力的论据。

从心流的角度考虑你所从事的活动以及自己设定的目标。为了更频繁地体验心流，你可以对自己的生活做出哪些调整？在心流的基础上，你是否应该更积极地追求一些目标？你可以对工作方式或工作内容做出哪些改变？

一位40多岁的女性描述了她是如何调整自己的目标的："我最终进入营销行业，是出于偶然。大学毕业后，我找到的第一份工作是老板助理，之后我在公司一路晋升，并没有过多考虑在工作中我喜欢什么，不喜欢什么。我很开心，赚了足够多的钱，还能去旅行，这太棒了。但后来公司被其他公司收购，我被解雇了，我不得不坐下来问自己下一步该去哪。当时并没有多少我真正感兴趣的其他工作，我开始考虑自己创业。我意识到自己真正喜欢的是计划和解决问题，而不是实际执行营销计划。因此，我最终进入了咨询行业，为小型公司提供一对一的服务。头脑风暴让我兴奋不已。"

这位女性没有提及"心流"这个词，但她的故事本身就是一个很好的例子。我们讲过的许多其他故事，尤其是律师吉尔的故事（她辞去了诉讼律师的工作，成为一名教师），都与心流和体验满足感有关，每个人都需要满足与工作 / 其他活动有深层次联结的个人需求。

除了可以从心流体验的角度来评估已实现的和未实现的目标，还要思考它们实现的可能性。这也涉及平衡问题。

用心理对照来评估目标

在完成规划目标的第一部分后，是时候回顾一下你的目标了，看看它们是否可以实现。记住，一个目标能否实现取决于一系列因素：充裕的时间、精力和其他资源，相匹配的技能水平和恰当的策略，以及它与其他重要的目标之间是否有冲突。你是设定并尝试实现一个目标，还是选择放弃它，这是我们之前提过的一种技能，叫作心理对照。

心理对照要求你在脑海中想象理想的未来，同时专注于可能阻碍其成真的现实因素。这是一种脑力锻炼，要求你在头脑中描绘未来愿景的同时，真实地评价现在。在其他两种思考目标的方式中，未来和现在的平衡并不存在。这两种方式分别是：一味积极地看待未来 (空想) 和只关注当前的消极方面 (驻足)。根据加布里埃尔·奥廷根及其同事的研究，即使有很好的成功机会，空想和驻足都只能产生中等的目标承诺。同样地，空想未来或者驻足于当前的障碍，会让人们专注于一个几乎没有成功机会的目标，人们只有通过心理对照才能脱离这个目标。此外，心理对照有助于短期目标和长期目标的实现。

你的短期目标可能是，在公司销售会议上完成老板让你做的40分钟的工作汇报。老板给了你机会，你可以选择拒绝或接受进行这一任务。应对这一挑战的传统方法可能是给自己打打气（你能做到的!），提醒自己成功应对过其他挑战，或者直接想象一下自己在工作汇报结束后，观众热烈的掌声和老板的笑脸。当然，这种空想的方式一方面掩盖了你所有的思维习惯和倾向，而这些习惯或倾向可能会阻碍你取得巨大的成功；另一方面，你可能会充满恐惧，发现自己站在图表和幻灯片前，舌头容易打结，看着观众一张张茫然的面孔，什么也讲不出来，这就是驻足于消极方面。

使用心理对照，你将专注于完成生动的工作汇报这一目标，以及可能会阻碍这一目标实现的因素：你对公开演讲的焦虑；当你感到有压力时，你会坐立不安；你拖延的习惯；你在有压力时会语速过快，喜欢吞字；你几乎在每句话中都说"嗯"。

仔细考虑这些潜在的阻碍，你可以更加理智地思考自己能否克服这些障碍，以及做出工作汇报的潜在好处（赢得老板的认可，引起公司总经理和其他高层管理人员的注意，也许能为未来的晋升铺路）。你对这些积极方面的思考是基于现实的，迫使你把注意力转向需要做什么才能成功。你开始意识到，提前准备可以缓解你的演讲焦虑，这反过来会让你不断改进和练习演讲以感到更为轻松。你决定在练习演讲之前先运动一下，这样可以让自己放松，真正地集中注意力。你可以做笔记、写演讲稿，然后提炼出要点，并邀请一个伙伴来指导你。心理对照允许你在所有层面上朝着目标前进：认知（思考和计划）、情感（责任感和对任务的掌控感）、动机（因潜在的益处而感到精力充沛）、行为（投入时间和精力）。

心理对照可以用来评估和实现任何领域的目标。这些目标可以是各种各样的，比如建立一个社区花园（障碍可能是研究分区法律、获得市政批准、筹集资金、获得宣传、寻找志愿者、找到适合的覆盖物等），或是转换职业（研究需要的证书、计划如何获得它们、获得必要的经验、建立人际网络、获得推荐、找到工作）。在每一个领域，心理对照都会促进"如果—那么"的思维方式的形成，比如："如果X发生，那么我将通过Y做出反应""如果X不会发生，那么我会做Y""如果有人做出了X，那么我将用Y做出回应"，以及想办法绕过阻碍来达成目标。它能够促使你做出行动，而不是停滞不前或陷入固有模式。这个过程为我们解释了各种可能性的存在，包括认识到坚持可能是徒劳的。

相反，无论是空想——戴上有色眼镜，梦想着你理想的未来会像变魔术一样成真，还是驻足——专注于消极的一面，受迫于它们的重压之下。这些都是完全自我参照的，它们特别限制了你在人际关系方面的选择。来自心理对照的"如果—那么"思维能够帮助你提前计划，利用你已经知道的预测未来，对不同情况做出不同反应。

想象一下，你的目标是不再与伴侣在金钱上有所争论。从空想的视角来看，你可能会去想象一种与伴侣没有分歧、经济状况良好的生活；而从驻足的视角，你可能会专注于和伴侣多年来的争吵，以及他是一个败家子或吝啬鬼。心理对照让你思考，如何对那些在过去一定会引起争吵的各种导火索做出反应，从解决问题的角度来关注当前的现实——你能说些什么来缓和局势，让对话更有成效。事实上，这也能让你成为一个更有耐心的倾听者。"如果—那么"思维可以让你在行动和反应上重新构建任何情况。

就像情绪智力帮助我们管理情绪并利用情绪来指导我们的思维过程一样，心理对照也可以帮助我们变得更有动力和行事聪慧。它可以为我们的坚持提供一种平衡，无论我们最终成功的机会有多渺茫，它可以让我们自由地制订更有权威的行动计划，或者在需要的时候为我们提供目标脱离的能量和动力。

从内到外的心理对照

测量大脑活动的一些研究表明，心理对照不是一个简单的理论构想，而是一种不同于空想、驻足或休眠的活动。研究还表明，人们只有在一定的条件下才能掌握心理对照。我们的大脑应该贴有一个标签，上面写着"警告容量有限！"。这些发现与罗伊·鲍迈斯特等人对自我损耗和其他能力的看法一致。

研究人员通过大脑成像的测量发现，心理对照和空想是两种不同的活动。心理对照会导致大脑中与工作记忆和意图形成相关区域的活动增强。有趣的是，负责情景记忆和形成意象的大脑区域的活动也增强了，这表明心理对照植根于对过去个人事件的提取，以及对过去事件的重新体验等复杂刺激的处理。

研究人员称，这些发现表明，因为心理对照会消耗工作记忆，所以需要在没有很大认知需求的时候进行。它应该作为一项独立的活动进行，而不是与其他任务结合在一起，或者在倍感压力和疲劳时进行。

清晰地规划好目标后，心理对照就成了一种强大的工具，可以帮助你决定是继续追求目标、重新定义目标，还是选择目标脱离。不管你的最终目的是什么，你的武器库中都会躺着这把秘密武器。

忘记自动思维

我们需要提前道歉，因为接下来我们可能会破坏你对童年一些最美好时光的记忆——当我们让自己做好心理准备去实现目标时，我们会进行一番自我激励："你能做到！""我想我可以！"但实际上，这些都帮不到你。在关于自我对话的研究中，易卜拉欣·赛内和其团队成员假设与陈述句式（"我将要……"）相比，疑问句式（"我将要……吗？"）会让人对追求一个目标产生更大的动力，因为这种句式会激发人们思考对其追求的内在原因，从而产生更好的任务表现。这正是他们的发现。

在实验中，被要求思考"是否会"解答字谜的被试者，比那些简单地认为自己"一定会"解答字谜的被试者表现得更好。在第二个实验中，被试者先写下"我将要……吗？""我将要……""我"或"将要"20次，然后解答10个字谜。只有"我将要……吗？"能让被试者有更好的表现。在第三个实验中，首先，被试者被要求写下一个由24个数字组成的序列，由研究人员大声朗读，这些序列要么是随机的，要么是有规律的。被试者被告知，这个练习可以让他们头脑清醒，以便进行书写测试（"我将要……吗？""我将要……"两个句式分别作为启动信号）。其次，他们需要报告自己下周的身体锻炼计划和计划投入的时间。研究人员认为，写一个随机序列会削弱重复写"我将要……吗？"的效果，结果证明这是正确的。"我将要……"对于有规律的数字序列效果最好。在第四个也是最后一个实验中，研究人员在用"我将要……吗？""我将要……"两个句式启动被试者后，询问被试者是打算继续定期锻炼身体，还是打算开始身体锻炼的计划。然后，被试者对坚持身体锻炼的12个原因的看法进行了评级。其中6个是内在原因（比如，"因为我想对自己的健康负责"），另外6个是外在原因（比如，"如果不坚持锻炼身体，我会感到内疚或羞愧"）。"我将要……吗？"的启动对外在原因的评级没有影响，但促进了被试者对身体锻炼的内在原因的较高评级。

如果要用自我对话来激励自己，千万不要用"我能……"或"我将要……"来表达，而是用一个只有你能回答的疑问句式来激励自己："我将要……吗？"这会激发你追求目标的内在原因，增强自主性。

信念的飞跃

让我们回到玛丽的故事，在做了20年独立艺术家后，玛丽意识到最初的目标不再使她感到快乐。一开始，她不知道下一步该做什么，除了当一名艺术家外，她没有任何其他的工作经验。她临时想出了一些解决方案，满足谋生和感到快乐的双重需求。为了继续迎接挑战，她开始了新的项目，走出了工作室，进入社会。她后来成为一位艺术倡导者，并被认证为调解人。她开始举办研讨会，指导艺术家如何解决与客户之间的纠纷，对双方权利进行协商，理解版权法的复杂条款。她的新工作让她接触到外面的世界，与人们建立联结并帮助他们，她虽然意识到这是她的主要目标之一，但她不想把所有的时间都花在这上面。与此同时，她还在坚持艺术创作，还没有准备好放弃艺术家的身份，至少现在没有。

玛丽的困境很典型，很好地展示了当一个紧密定义自我的主要目标不再起作用，但还无法放弃时，会发生什么。当坚持到底与目标脱离的能力不相当时，人们就没有机会去想象未来。

在玛丽的案例中，采取行动的动力来自外部——可怕的"9·11恐怖袭击事件"及其造成的生命损失。作为土生土长的纽约人，这件事激发了她从未体验过的一种紧迫感——要保持生活的稳定性，为生活赋予了意义。她停止了艺术创作，转而专注于追求零售这一新行业。在这份工作中，她可以充分发挥自己的设计才能和与人打交道的能力。最终，她成了一名店长。这段经历也让她找到了那份一直以来都在寻找的使命感——一份在非营利性组织帮助弱势青年的工作。到现在为止，她不做艺术家已经长达十年了，她并不怀念绘画或设计工作。20多年来，她将自己所有的作品都进行了数字化处理，偶尔也会找到一些能认证这些图像的渠道。艺术家不再是她定义自己的主要标签，对此她并不感到后悔。

不幸的是，并非所有人都这样，尤其是当目标是内在的、核心的时候。而正是在这些情况下，掌握放弃的艺术是绝对必要的。在经历诸如被解雇、被伴侣抛弃此类丧失自我定义的情况时，更是如此。管理丧失感、遗憾感和无法胜任感可能是彻底做到目标脱离的一部分，你要走出来，准备好重新投入，并设定一个新的目标。用自我认识和有意识的策略来解决问题，是我们在下一章要讨论的内容。

示例目标图1

这张目标图是由一位25岁的单身女子绘制的，她是一名大学毕业生，在公共关系和社交媒体领域工作。这是她的目标列表的第一版，还没进行优先级排序。

	短期目标	长期目标
人生目标	试着做真实的自己 多体谅他人 不要责怪过去的选择	基于真正的价值观，过真实的生活 接纳自己的选择 接受过去已然过去的事实 意识到人们会从错误中吸取经验
职业/工作目标	发展和磨炼技能 拓展写作和媒体领域的社交联系 找到支持性的工作环境 完全做到经济独立 感到有挑战性，使自己努力工作	在非营利性组织工作 专注于帮助别人 每天早上醒来对工作感觉良好
人际关系目标	努力多约会 深化现有的友谊 积极主动地解决问题 避免泛泛之交，交几个真心的朋友	建立并经营一段亲密、彼此信赖的婚姻关系 养育孩子
学习/成就目标	尝试更多的志愿活动 取得艺术史的研究学位 更加积极主动地探索感兴趣的东西	环球旅行 学习一门外语 试着在另一座城市生活

示例目标图2

这张目标图是由一位已婚的38岁男子绘制的，他的儿子刚刚出生。他拥有学士学历，是一名记者和编辑。这是他的目标列表的第一版，还没进行优先级排序。

	短期目标	长期目标
人生目标	经济状况稳定，存钱以搬进更大的房子 确保日常琐事和压力不会影响自己成为一个更好的倾听者 专注于享受当下	为家人的健康和未来的教育储蓄 坚持锻炼 参加一场半程马拉松
职业/工作目标	有高水平的表现 确保加薪、晋升和拿到奖金 做好工作和家庭平衡 成为对年轻人有用的导师	不断提高自己的专业知识和技能，在自己的行业中保有一席之地
人际关系目标	每天都让妻子知道我爱她、欣赏她 每年至少进行一次旅游探险	做一个能去看儿子球赛的父亲 能够支持儿子，对他的人生有积极的影响
学习/成就目标	尽可能挤出时间读更多的书	写一本小说 学习一门语言，比如葡萄牙语

第八章

别让后悔阻碍你

　　有时候，我们激励自己采取行动和放弃的能力，与我们个人经历的关系更为密切些，而与个性、性格或固有的思维习惯关系更小一些。个人经历指的是我们在童年时期所经历的事件，以及我们对父母和照顾者之间的依恋关系。无论我们在生活中采取回避还是趋近的态度，也无论我们对成功和失败的态度如何，这些早期的依恋关系都与影响我们情绪调控能力的行为模式密切相关。那些在童年时期就有安全依恋的人更容易被健康和受滋养的环境所吸引，这与他们的童年情感相呼应，也更懂得应对潜在的不舒服或不良的环境。拥有不安全依恋的人则会发现，自己被与过去相似的人和情境所吸引，即使这会让他们非常不快乐。

　　还有一点值得我们考虑，坏事比好事对人们的影响更持久。我们知道这一点儿也不积极，但现实就是如此，它得到了大量科学研究的证实。正如罗伊·鲍迈斯特和他的同事在《坏事强过好事》一书中所写的那样："坏的情绪、糟糕的父母和负面的反馈比好的情绪、称职的父母和正面的反馈，具有更强的影响力。我们对不良信息的处理也比对有益信息的处理得更为详尽。"

　　这些事件并不总会被我们有意识地记住，我们甚至意识不到它们的存在，但它们仍然会影响我们的有意识行为和决策。我们可能并不总能意识到，为什么自己会以某种方式采取行动或做出某种选择，这不是因为大脑自动过程的作用，而是受到我们意识之外的过往模式的影响。

这些模式可能会阻碍目标投入和目标脱离，阻止我们去追求需要或想要的东西，或者在我们真正需要放弃的时候让我们停滞不前。就像所有无意识的过程一样，最有效的解决办法是，意识到这些模式的存在。

卡洛琳是一位很有抱负的摄影师，她的故事在某种程度上展示了旧有模式可能会影响人们的思维和目标。卡洛琳来自美国中西部，和许多年轻人一样，她在大学毕业后就雄心勃勃地搬到了纽约。不久，她得到了一个千载难逢的机会，在一位著名摄影师的工作室做接待员。虽然这是工作室最为基层的工作，但经过两年的努力，她成为这位摄影师的助手之一。工作室总是在发生人员变动，员工进进出出。这位著名的摄影师才华横溢，但也易怒、粗鲁，是个完美主义者。她会在一瞬间火冒三丈，斥责身边最亲近的人，她的大多数助手都放弃了，辞职不干了。但卡洛琳坚持了下来，摄影师总嫌弃她不够主动，然后在卡洛琳更为主动时又斥责她多管闲事。

长期处于这种受挫的情境中，卡洛琳的自我意识受到了打击。她的朋友、同事都劝她辞职，换一份新的工作，但她依然决心坚持下去。她认为留在原地是她所需要的，这是实现她成为一名摄影师和梦想拥有自己工作室的最佳途径。她希望自己在这份工作中学到的东西，最终会盖过她日复一日的痛苦和沮丧。然而，一年又过去了，情况并没有好转。

直到她的姐姐从加利福尼亚来看她，和她一起去了工作室，并目睹了整个拍摄过程。当摄影师指责卡洛琳没有正确设置灯光时，尽管她并没做错什么，卡洛琳还是不停地道歉。之后，她的姐姐和她聊天说，那个摄影师是多么地无礼。姐姐的话让她想起了小时候，吹毛求疵的父亲常常责骂她们，卡洛琳就会为了不再让父亲轻视自己，而一直向父亲道歉。

卡洛琳对姐姐的观察感到震惊。突然间，她明白了为什么还在摄影师手下工作，为什么对辞职犹豫不决。她的老板对待她就像父亲对待她一样，卡洛琳安抚摄影师就像她小时候安抚父亲一样。就在那一刻，她明白了，她必须辞职，留在这里对她来说既不健康也没有任何意义。她为自己设定了一个新目标——重新出发，并告诉身边的人自己愿意做出改变了。几个月后，该摄影师的一个竞争对手向卡洛琳抛出了橄榄枝，她跳槽了。

　　卡洛琳很幸运，她有一位机敏且观察力强的姐姐，帮她识别出童年的负面影响。更幸运的是，卡洛琳一经点拨，就识别出了自己所面对的这种有害的相处模式。对于我们大多数人来说，这种理解的道路更为坎坷，我们需要时间和努力来弄清楚，为什么我们会坚持做一些实际上已经无法满足我们，甚至会让我们不开心的事情。

　　比尔的情况就是这样，他从22岁就开始在金融行业工作，他对自己的工作感到困惑和不满。他所在的部门没有什么发展空间，虽然他进行了各种沟通，但还是没得到在公司内部调动的机会。尽管很沮丧，但他还是不会去考虑找金融行业以外的工作，从公司辞职。他已经在这里工作了6年，慢慢找到了舒适区。他喜欢同事，觉得自己要对同事，以及这个给了他职业起步机会的公司负责任、忠诚。作为第一代美国人，以及家中四个孩子中的老大，忠诚对他来说很重要。在他的成长过程中，他一直是父母的得力助手，负责照顾弟弟妹妹们。他第一个上了高中，然后读大学，非常珍惜并感激父母的支持。比尔无法将自己对像一个小家庭一样的工作团队的忠诚，与自己对成长和工作自主权的需求分离开，他在心理上感到非常矛盾。后来，他接受了心理治疗并解决了这些问题，终于能够开始寻找一份更符合自己需求的新工作，并辞去了原来的工作。

当然，公司并非家庭，但并不意外的是，很多人会下意识地将我们在原生家庭中的情感——好的、坏的、无法区分的——转移到工作情境中。最常见的是和同事、老板的关系，就像吉尔和比尔的故事中所展现的那样。在成长过程中，我们学会了如何适应自己所在的处境，如何面对挑剔的父母或易怒的兄弟姐妹，如何进行自我表达，这些都可能由工作中的事件触发。这些舒适模式只是令我们感到熟悉，却并不能真正为我们提供舒适，它们解释了为什么我们有时会在不知不觉中折磨自己，在需要离开时坚持不动，从而让自己陷入不快乐的情境。

然而，这些模式最常出现在人际关系领域，尤其是在亲密关系和友谊中。往往由于这些模式，而不仅仅是特定的关系，我们需要巧妙而有意识地选择放弃。

伊丽莎白由一个常常疏远她、嫌弃她的母亲抚养长大，这种依恋就属于"不安全型依恋"。像所有的孩子一样，伊丽莎白极度渴望和需要母亲的爱和认可，她尽其所能取悦母亲，但无济于事。这种模式贯穿了她的童年，一直持续到她的青春期早期。虽然伊丽莎白看起来（至少表面上）取得了世俗意义上的成功——她考取了常春藤盟校，在金融领域有着令人满意的职业生涯，有着亲密的朋友，爱好也很广泛，但她在亲密关系中一次又一次地受挫。不知不觉中，她总是被像母亲一样对待她的男人所吸引。不可避免的是，他们对待她的方式虽然让她很痛苦，但她总是选择忍让，很少主动提出分手。当她快30岁的时候，她逐渐明白自己必须解决这个问题。为什么她老是选择像妈妈一样的男人，她开始接受心理治疗。在心理治疗师的帮助下，她停止了对童年情感环境的再现，离开了最后一个挑剔、苛求的男友，给自己定下目标，要找一个不这样对待她的伴侣。

道恩在她30多岁时意识到，这种舒适模式在工作中、家里，甚至在自己交朋友时都会碍事。道恩从来不会拒绝帮助别人，不管自己感到多么不便。当一个项目要进行到很晚时，很多同事会来找她帮忙，因为她是办公室唯一一个没有孩子的人，随叫随到。她也义不容辞地照顾年迈的父母，尽管她还有其他的兄弟姐妹。作为争吵不休的父母的中间人，她从小就承担了很多家庭责任，她的这种懂事也是她在大学期间和毕业后结交许多朋友的基础。她随时随地愿意为别人提供帮助，也并不介意，因为支持别人让她自我感觉良好。但当她嫁给里克后，里克很不喜欢道恩因为别人的需要而搁置他们两人的计划和需求。尽管道恩很理解里克的抱怨，但她还是很难改变自己的这种状态，直到她和里克咨询了心理治疗师，她意识到必须学会设定界限了。即便如此，至今这仍是道恩必须努力克服和意识到的东西。

几千年前，当古希腊人向特尔斐神谕请求神示时，他们首先看到的一句话是"认识你自己"。这一智慧在今天仍然和当时一样有价值。通过心理对照问问自己，你需要坚持到底，还是需要花些工夫在巧妙的放弃上。问问自己，现在的处境在多大程度上符合你的行为模式。在你探索自己留在原地或是选择离开的内在原因时，以下是一些可以参考的问题。

◉ 我对自己所处的环境感到熟悉吗？是一种怎样的熟悉感呢？

◉ 继续走这条路会给我带来什么好处？与转变方向可能带来的好处相比呢？

◉ 我的行为有多少是出于回避倾向的？能说清楚我想要回避一些什么吗？

◉ 我对人或事的反应是否和过去一样？这些反应让我感觉如何？

◉ 我的坚持在多大程度上是出于对未知的恐惧，对接下来可能发生或不会发生的事情的恐惧？

◉我是否总是想要控制局面？局面有可能得到控制吗？

◉我是否使用了正确的策略来管理自己的情绪？我是否出现了感情冲击，被侵入性的想法所困扰？

◉害怕后悔对我有多大的激励作用？害怕因过早放弃或完全放弃而犯下错误，会对我产生多大影响？

考虑一下行动或不行动可能引发的后悔情境，这与我们已经讨论过的其他关于坚持的思维习惯密切相关，其中包括沉没成本谬论以及承诺升级，这些都是人们的思维方式。后悔涉及思维（将你所做的事情的结果与可能发生的事情进行比较，将现实与想象的建构进行对比），它是一种情感，往往不请自来，在目标设立和目标脱离上，渗透式地影响了你的决策。

管理后悔情绪

在所有的情绪中，后悔情绪也许是最为复杂的一种，因此它一直被心理学家所研究，甚至还与消费主义和经济学相关。在生活中的某个时刻，我们都会产生后悔的情绪——从伊迪丝·琵雅芙（法国著名女歌手）的歌曲《我无怨无悔》到阿瑟·米勒（美国剧作家）为他的一个角色所写的台词："也许一个人所能做的全部，就是希望自己不再对可能后悔的事情感到后悔。"

后悔有各种形式，从轻微的后悔（后悔你没去参加周五晚上的派对而是待在家里，或者你会后悔没有在断码前早一点买下那条裙子），到中等程度的后悔（要是你接受了另一份工作而不是现在的工作就好了，要是不买那只朋友大力吹捧的股票就好了），再到巨大的后悔（本应该和女朋友分手而不是结婚，本应该守好遗产而不是把它赌光）。我们会为一些事情感到后悔，但从长远来看，这些事情最终都会变得无关紧要。我们也会为一些决定深深地感到后悔，这些决定给我们的生活蒙上了重重阴影，真正改变了我们的生活。后悔与责备、自责及懊悔紧密相连。

正如荷兰心理学家马塞尔·泽伦伯格和里克·彼得斯所指出的那样，与婴儿感到的快乐、恐惧、悲伤等基本情绪不同，人们在后悔时不会产生面部表情，它是后天习得的一种情绪。一项研究发现，7岁的孩子就会感到后悔了，因为他们会把实际发生的事情与本应发生的事情进行对比，而5岁的孩子没有这种能力。这种比较的过程叫作反事实思维。

了解避免后悔在你的生活中会起到多大的作用，有助于你掌握放弃的艺术，并有助于你找出坚持模式背后的原因。

最早关于后悔的理论之一是由诺贝尔奖得主丹尼尔·卡尼曼和阿莫斯·特沃斯基提出的，他们在一项研究中请学生们思考，在两种假设情境中，哪一种会让人产生更强烈的后悔情绪。两种情境是这样的：有两名投资者，其中一名投资者持有 A 公司的股票，他正考虑出售它来买入 B 公司的股票，但最终决定不交易。后来这个投资者了解到，要是他当时这样做了，本可以赚到 1200 美元；而第二个投资者本持有 B 公司的股票，但他将其出售后买入了 A 公司的股票，他后来也了解到，如果他当时继续持有 B 公司的股票，他会多赚 1200 美元。这两个投资者哪一个会更后悔？

如果你处于这两种情境中，问问自己会对哪一种行为更为后悔，然后想想卡尼曼和特沃斯基的发现：高达 92% 的受访者认为，卖出 B 公司股票的投资者会比因不作为（没有买入B公司股票）而同样失去 1200 美元收益的投资者更为后悔。

这一结果当然是反直觉的。这两个投资者发现彼此的处境相同，都是错过了潜在的 1200 美元收益，那么为什么有人会认为其中一个投资者比另一个更后悔呢？在《思考，快与慢》一书中，卡尼曼解释说："与不作为所产生的相同结果相比，人们会预期自己对采取行动而产生的结果表现出更强烈的情绪（包括后悔）。"他认为，损失和收益的不对等性同样强烈，这也适用于责备或是后悔。对此，他给出了解释："问题的关键不在于是否有作为，而在于是否偏离默认选项做出了行动。当你选择不按默认选项行动时，你很容易去想默认的情况本该是什么样子的，如果你的行动导致了不好的后果，那么两者之间的差异可能就是你痛苦情绪的来源。"卡尼曼举的例子还包括玩21点扑克游戏的电脑玩家，不管他是选择要牌，还是选择弃牌，采取行动都会比什么都不做更令人后悔。在他看来，损失厌恶与后悔密切相关，后悔中的这种不对等性助长了传统的风险厌恶选择。

但托马斯·吉洛维奇和维多利亚·赫斯特德·梅德维克开展的一系列研究挑战了这一理论。他们认为，虽然卡尼曼和特沃斯基的研究结果很有说服力，但与我们平时对于后悔的观察并不相符，也就是说，当人们被问及人生中最后悔的事情时，他们似乎倾向于关注那些他们没有做到的事情。套用罗伯特·弗罗斯特的话说，我们对哪一条路感到更为后悔，已走的路还是未选择的路？（卡尼曼、吉洛维奇和梅德维克之间的分歧后来在他们三人发表的一篇论文中得到了解决。）

吉洛维奇和梅德维克的发现引人注目，它表明了我们多次讨论过的许多心理过程是如何影响和调节后悔情绪的。他们假设，时间的流逝会影响我们对已做和未做事情的后悔体验。他们认为，虽然人们会本能地对已经做过的事情感到更为不安，但随着时间的推移，没能做的事情会令其产生更强烈的后悔情绪。他们进行的一项广泛调查不仅恰好证实了这一观察结果，还有另外一项有趣的调查：后悔没有采取行动的人比后悔采取行动的人多一倍。由于有一小部分的后悔是出于不可控因素，因此研究人员还得出结论：一种归责于自己的感觉是后悔情绪的核心。例如，你会后悔自己在2007年没有听从理财顾问的建议，没在股市崩盘之前卖掉股票投资组合；相反，如果没有事先的信息，你可能会后悔自己损失了很多钱，但不会觉得责任在自己身上。

吉洛维奇和梅德维克进行了实验，以确定短期后悔和长期后悔之间的区别。他们为被试者提供了以下场景：两个年轻人戴夫和吉姆，在同一所大学读书，但他们彼此并不相识。他们俩都不高兴，都在考虑转学到别的名校。他们都为要做出决定而感到苦恼，但最终戴夫决定留下来，而吉姆转学了。结果是，双方都不满意自己的选择，戴夫希望自己当时转了学，而吉姆在想要是当初留在学校就好了。

读到这里，不妨也问问自己这些问题：（1）在短期内，谁会最为后悔他的选择？（2）从长远来看，谁会对自己的选择感到最为后悔？

实验结果证实了研究人员的假设：76%的人认为，采取行动转学的吉姆会更多地经历短期后悔；63%的人认为，从长期来看，什么都没做的戴夫会更为后悔。不过，与我们的讨论最相关的是吉洛维奇和梅德维克提出的框架：理解为什么后悔会随着时间的推移而变化。他们的许多观察都与我们讨论过的一些观点相吻合，这些观察有助于解释后悔是如何在我们的生活中起作用的，又是如何阻碍我们的目标脱离的。

后悔的行为会变得不那么痛苦，是因为人们会采取行动来纠正他们过去所犯的错误，并找到为自己的行为辩护的一线希望。人们把从错误和失败中吸取的教训作为这个过程的一部分。同样地，当你意识到自己与错误的人走入婚姻时，你可能会提出离婚申请，但仍然可能会想起与他恋爱的故事，以及他过去多么迷人，找到当时结婚的理由。或者你会找到那一线希望："如果我没有嫁给这个人，就不会有这么可爱的孩子。"从积极的方面重新定义所发生的事情，并将其合理化。丹尼尔·吉尔伯特在另一篇文章中称其为心理免疫系统。

虽然不作为能以减少痛苦的方式被重新定义，但这种办法既没有效果也很难长久。首先，对不作为的后悔更难被重新定义，因为回想起来，你没做某件事的原因似乎非常清楚（没有去美国另一头的大学上学，是因为害怕与老朋友失去联系；没有约那个女孩出去，是因为害怕她拒绝自己；没有和大学恋人走入婚姻，是因为你们有着不同的政治观念），但这些原因从长远来看似乎都站不住脚。我们大多数人会忽视那些曾经认为是关键和决定性因素的事物，这些因素证明了我们行为的合理性——没有使用吉洛维奇和梅德维克所说的再认信心。你总能找到方法，时不时地从离家很远的大学回家；你想不出那个女孩不跟你出去的理由；你和大学恋人之间的爱如此强烈，本可以共同解决这些问题的。随着时间的推移，你更有可能难以准确想起自己当时不采取行动的原因。

虽然行动所带来的后悔情绪是有限的，而且回顾也减轻了这种情绪，但不作为的开放式结尾"本该……"和"要是……就好了"的巧妙特质有着无限的可能性，这一点在弗朗西斯·斯科特·菲茨杰拉德的小说《了不起的盖茨比》中被描绘得非常清晰。蔡加尼克效应——大脑总是纠结于未完成的任务，催促我们去完成它们，也让我们更难以抑制不作为所引起的后悔。

后悔是一种复杂的情绪，这是因为它起源于比较，即使你的行为没有导致不好的结果，你也可能会感到后悔。这一观察结果促使特里·康奈利和马塞尔·泽伦伯格提出了决策正当化理论。该理论认为后悔有两个来源，一个与对结果的比较性评估有关，另一个与做出糟糕选择后的自责有关。糟糕的选择是指那些与自己的行为和意向不一致的选择，关键是你会为自己的选择感到自责和后悔，甚至是在没有糟糕结果的情况下。他们举出的例子是，一个人在聚会上喝多酒后开车回家。他平安无事地回到了家，没有发生交通事故，但他仍然对自己的所作所为感到后悔，因为酒驾既冒险又愚蠢，不像是自己能干出的事。决策正当化理论认为，比起那些与你的想法和行为内在一致的决定，与内在不一致的行为或不作为的感觉会引发更深的后悔情绪，这一点意义重大。如果你平时是一个很谨慎的人，那么比起做出平常行为但结果不佳来说，一个即兴的决定如果结果很糟糕，你会更为后悔和自责。

后悔被视为一种令人厌恶的情绪，令人感觉不好，所以人们总是想方设法地调节这种情绪。研究人员托德·麦克尔罗伊和基斯·道斯发现，行动导向的人更善于调节自己的情绪，更善于实现目标脱离，他们不会像状态导向的人那样饱受后悔情绪的困扰。他们还发现，无论是采取行动还是不作为，状态导向的人都报告说自己非常后悔。这种观察结果并不令人惊讶，因为状态导向的人一般很难管理自己的消极情绪，对后悔也不例外。相反，行动导向的人后悔程度较低，除非他们状态不佳。这一发现强调了，与内在不一致的行为会引发后悔，而与内在一致的行为不会。

如果你已经分辨清楚自己倾向于行动导向还是状态导向，就能衡量自己调节后悔情绪的能力，预测出后悔是如何影响你的决策能力和放弃能力的。

从后悔中学习

尽管大多数的心理学研究都认为后悔情绪是负面的，应该避免，但科琳·萨弗瑞和她的同事们却采取了相反的立场。他们探索了后悔情绪是否有利于心理健康，以及普通人能否意识到这种情绪的积极影响。他们想知道后悔是否有助于引导人们未来的行为走向理想的结果。后悔的感觉能帮助人们以积极的方式理解负面体验吗？人们认为后悔会有潜在的好处，还是只是厌恶它，或者两者兼而有之？

他们的第一项研究考察了人们是否重视后悔的体验，以及他们从中看到的价值是否与看到其他负面情绪的阳光一面相一致。研究人员让被试者完成一项关于九种消极情绪（后悔、愤怒、焦虑、无聊、失望、恐惧、内疚、嫉妒和悲伤）以及四种积极情绪（喜悦、爱、自豪和放松）的问卷。不出所料，这四种积极情绪被普遍视为讨人喜欢和有益的。但除此之外，即使是消极情绪也有积极的意义，当然除了焦虑、无聊和嫉妒这三种显然不受欢迎的情绪以外，后悔和失望的得分远高于愤怒、内疚和悲伤，甚至超过了自豪这种积极的情绪。这表明人们确实看到了后悔的价值。

萨弗瑞和他的同事们的第二项研究，调查了后悔情绪能否帮助人们了解当下情况，并引导他们追求想要的结果或脱离现状。此外，研究人员还研究了消极情绪是否会促使个体进行自我反省或产生其他想法，以及消极情绪能否让个体与人更为亲近。（研究者没有测试消极情绪是否真的会产生这些影响，只是测试人们是否相信它们产生了这些影响。）最后，研究人员想知道，既然人们倾向于从积极的角度看待后悔，那么被试者是否认为自己比其他人更容易产生后悔情绪呢？这听起来非常反直觉——为什么有人愿意相信自己有更多的后悔体验呢？但正如我们讨论过的，人们倾向于认为自己不仅优于平均水平，还比其他人拥有更多的积极特征。如果他们把后悔看作一种积极的甚至有启发性的体验，那么在谈到后悔时，人们是否也会表现出同样的自我偏见呢？

被试者填写了一份由一系列表述构成的后悔量表，他们要对各个表述勾选同意或不同意。首先，他们是按照自己的理解回答，之后站在朋友的角度回答。以下列出了这些有趣的表述，供你参考。(这些表述最初是由巴里·施瓦茨和安德鲁·沃德等人在另一项研究中拟出的。)

● 当已经做出选择时，我会很好奇如果我当时做出了不同的选择，会发生什么。

● 每当我做出选择时，我都试图了解做出其他选择的结果。

● 我做了一个选择结果很好，可如果我发现另一个选择的结果会更好，我仍然会感觉很失败。

● 当我思考人生时，我经常会评估那些我错过的可能性。

● 一旦我做了决定，就永不回头。

你可以看出这些表述之间的细微差别，在第一句(好奇)和最后一句(永不回头)之间有着很大的跨度。如果可以，试着在这个清单中定位自己的立场。

接着，被试者需要关注十二种消极情绪(后悔、愤怒、焦虑、厌倦、失望、反感、恐惧、沮丧、内疚、嫉妒、悲伤、羞愧)，在针对每种情绪所给出的两个表述上勾选同意或不同意，评价他们的五种积极功能：了解当下情况、为未来行动提供信息或动力、避免犯同样的错误、有利于个人反省、改善与他人的关系或理解他人。

研究人员发现，人们认为后悔会兼具这五种功能，这进一步证实了他们第一项研究的发现，即后悔被认为有积极的作用。(在其他负面情绪中，内疚、羞愧和失望三种情绪也被认为对行为有积极影响。)最后，被试者确实认为他们比朋友有更多的后悔情绪。因此，也许伊迪丝·琵雅芙在唱《我无怨无悔》的时候，她的状态并不好。

萨弗瑞和其同事指出，相信后悔是积极的，很可能只是人们的一种心理应对机制，丹尼尔·吉尔伯特称之为心理免疫系统的一部分。尽管如此，我们还是有必要了解一下反事实思维。它是后悔的基础，以及它如何促进或阻碍我们掌握放弃的艺术。

反事实思维

正如我们所看到的，使用心理对照——心中期望着理想未来的同时，还能看到目前的现实阻碍——能够激发行动，促进目标的实现。也有人说，反事实思维会对目标追求和目标设定发挥重要的作用。反事实思维的不同之处在于，它通过修正过去的事件来影响未来。这些想法会集中于更好的解决办法(这称为上行反事实思维，它可能引发后悔)或更糟糕的解决办法(这称为下行反事实思维，它可以帮助人们管理情绪)。

例如，你期待着升职加薪，但最后没有得到机会时，你会感到很失望，上行反事实思维让你感到后悔。当你开始思考，你本该怎么做来得到不同结果时，这反过来又会激励你去构建新的想法，从而引发新的行为，引导你在未来走向成功。当你得知部门里有两个人被解雇了，下行反事实思维会让你反思自己没有得到晋升的原因，但情况本可能更糟糕，进而庆幸自己没有被解雇。

凯·艾普斯图德和尼尔·勒泽认为，反事实思维可能对行为调节有促进作用，因为它是由失败的目标激活的，使人专注于本该做些什么来实现目标（要是我当时做了X，Y就会发生的），从而产生一个指令（下一次我会做X，这样Y就会发生），并改变行为。

反事实思维通过专注于对过去行为的修正，为我们改变未来的行为打开了一扇门。作为没有得到晋升的员工，你可能会意识到自己没有做出足够的努力来让老板注意到你对部门所做的贡献；你可能会专注于在未来有更好的工作表现来让老板注意到你。或者，你可能会得出这样的结论：你在工作中的一些失误阻碍了自己升职，接下来可能会集中精力减少失误。

最好的一点是，反事实思维使你想象本该采取的行动来制订新的策略。要想成功，需要有一定程度的现实主义，远离一厢情愿的想法。在上述没有得到晋升的例子中，如果员工的反事实思维一味专注于老板的缺点，想象着有一天老板的愚蠢不再妨碍自己的晋升，那么反事实思维将不会激发任何有效的行动。当然，并非所有的反事实思维都是有成效的，把注意力集中在一件无法改变的事情上（"要是我没嫁给他就好了"，"要是我二十多岁的时候去上牙科学校就好了"，"要是我的老板再聪明一点儿就好了"），很可能会让你走进死胡同。反事实思维不应该和反刍思维搅和在一起。

你所理解的后悔

只有你自己才知道后悔如何影响你的生活。你是倾向于把后悔看作经验教训的一部分，还是倾向于认为寻找一线希望（杀不死你的，会让你更强大）只是一种自我安慰和合理化？你处理后悔的方式对自己是否有利，会让你专注于下一次以什么方法取得成功，还是避免失误？后悔是否增强了你用反事实思维推动自己采取行动的能力？

在一个有趣的元分析报告《我们感到最后悔的是什么，为什么？》中，尼尔·勒泽和艾米·萨默维尔展示了一份美国人感到最后悔的事情列表。接着往下阅读，你可能想要对这些事情对号入座。

按严重程度由高到低，感到最为后悔的六件事包括以下几个方面：教育、事业、爱情、养育子女、自我提升和娱乐休闲。（接下来的六个分别是经济、家庭、健康、朋友、精神和社区。）教育是人们最为后悔的领域，这有点令人惊讶，但作者认为这是因为"无限的机会孕育了后悔，在行为纠正最为频繁而普遍的学校里，人们是最能感受到不满和失望的"。这并不奇怪，随着美国在各个层面上教育机会的逐渐增多，人们最为后悔的是自己当时的教育选择，比如没能读完高中、没能上大学、中途辍学了、没能掌握一项对其他领域有所帮助的技能等。这些观察结果支持了这样一种观点，即后悔的最深层来源是那些当初没有选择的道路。

想想你自己感到最为后悔的事，它们属于哪些生活领域，与你想要追求的目标和放弃的目标之间有什么关系。马塞尔·齐伦伯格和里克·彼得斯将个人用来管理和调节后悔的应对策略进行了分类，有些是有益的，有些不是。看看你能否在其中找到自己的常用策略。

有些时候，后悔似乎是人类的天性，我们都会做出一些糟糕的选择或犯下错误。第一个策略是打磨你的决策能力，并将后悔的可能性列入你所要考虑的风险中。虽不太合适管理后悔但很常见的策略是，增强你的决定的合理性、推迟或避免做出决定，或者为你的决定推卸责任。

（"我的投资顾问真差劲，投资失败不是我的错。"）

想想别的办法，要么扩大或限制你的选择数量，要么确保在你需要的时候可以改变自己的决定。同样地，你可以有意识地避免接触你没有选择的道路的信息——继续和朋友、爱人，甚至是刚刚认识的人讨论你没能做的事情。这没有任何意义。有句老话说得好：覆水难收。还记得蒂姆的故事吗？他是一名律师，想要转行，但在接受面试时，他一直在说自己多么后悔当初读了法学院，心中满是自己还没能消化的后悔和自责。罗伯塔也是如此，她已经离婚10年了，仍然每天追悔着同样的事情，就好像不断想这些事就能从头再来一样。可事实上，她反复思考这些后悔的事的习惯让她无法投入新的生活。

如果你很容易陷入后悔的情绪中，也许最好的策略是，提前做好准备，意识到你所做的一些选择可能会在未来让你后悔，并为管理情绪做好准备。

应对拖延放弃的行为

毫无疑问，有时候放弃需要巨大的信念飞跃：想象一个尚未实现的未来，以及愿意承受失败的可能性和随之而来的情绪波动。坚持和原地不动是人类行为的默认设置，我们的目标脱离可能会在情感、认知、动机和行为方面经历重重阻碍。因此，有必要回顾一下我们在本书中提出的一些应对策略。

调控思维反刍

已发生或未发生的事情，做出行动或不作为，对它们耿耿于怀不仅是后悔的源泉，也是思维反刍的缘由。思维反刍会阻碍行动，让你与未实现的目标联系在一起，阻止你想象未来的目标（是的，这又是蔡加尼克效应在起作用），对此，我们不如用与之相当的思维能力来实现新的目标。你可以像我们之前建议的那样，给自己安排一段专门用来焦虑的时间，或者直面你的想法，把它们写下来，让它们进入你的意识。你也可以训练自己专注于干扰物的能力。例如，莱斯利通过在脑海中想象鲜花的图像来消除自己的忧虑。她专注于花的每一个细节——茎、花瓣、雄蕊、雌蕊，直到对自己的思想有所掌控。

安妮特·范兰登堡和其同事进行的一项有关思维反刍的研究发现，与用反刍性思维启动的被试者相比（想想你为什么会变成这样、想想家人和朋友对你的期望），用与其无关的随机干扰物启动的被试者（想想大提琴的轮廓、想想汽车零部件）能够更好地对无解的字谜进行目标脱离。

关注任务执行

把你需要做的事情分解成一小步一小步的，或者为自己设定一些过渡目标，可能会有所帮助。记住，只用鼓舞人的精神力量来实现一个难以达成的目标，这并不现实。正如我们所看到的，做出具体的计划是大多数成就的关键。写下具体步骤可以让你判断一下自己的策略是否现实。既然对于理想未来的强烈心理表征会为你的目标设定提供动力，那么想象一下生活也会激励你前进。

培养现实主义

你为自己设定的目标现实吗？你的实力和能力是否足以让它成为现实？要知道，人的天性是过于乐观的（倾向于高估自己的能力和技能），所以要尽可能客观地评估你的目标，使用心理对照来评估你的能力、目标和应对策略。如果你陷入了反事实思维模式，就确保它们是基于现实的；如果你不确定自己设定的目标是否切实可行，就给自己设定一些过渡性的目标节点，这样你就可以监控自己的进度。

保持心流状态

通过盘点你有过心流体验的经历来激励自己，并想象目标实现将如何增强你在生活中的心流体验。不断给自己打气，问自己一些问题（我将要……吗？），而不是简单地叙述（我将要……）。记住，放弃一个目标和设定一个新目标本质上都是创造性活动，你的方法要灵活。

获得更多支持

如果在目标脱离时，你需要帮助调控想法或情绪，或者寻找一个新的方向，你应该广泛地寻求建议。不管我们的文化倾向怎样，单打独斗都没有好处。如果你因被公司解雇或生活和事业上的挫折而苦苦挣扎，你就需要获得外界更多的支持。

认识到放下手中的鸭子

这是《芝麻街》中的一首歌，如果你出生于20世纪80年代或之后，或者你的孩子听过这首歌，你肯定能想起来。

欧尼试着吹萨克斯管并向猫头鹰乐队抱怨说，他演奏的音乐都是吱吱声。事实上，这个吱吱声是欧尼抓着的橡皮鸭发出的，让他没办法好好吹萨克斯。如果我们要迈进新的未来，就必须放下手中的"鸭子"——过去的习惯、舒适区、未实现的目标，以及没能成功的努力。

掌握放弃的艺术需要你放下手中那只"鸭子"。

第九章

重置你的内心罗盘

现实世界中的罗盘是无法重置的，它的方向是固定的，但由于我们的内心罗盘是认知、动机、行为和自我之间的复杂互动，因此我们可以重置内心的罗盘。我们为自己设定的目标反映了我们是谁，我们想成为谁。虽然我们在之前的章节一直着重于目标脱离的阻碍，但事实是，直到投入了新的目标，目标脱离的过程才算真正完成。选择一个新目标的行动激发了新的动力，而这种动力反过来又会引发新的行为。重新投入新的目标，再加上从放弃中吸取教训，让我们在心理和行为上有所成长，并使我们在这个过程中重新塑造自己。我们设定的新目标反映了当下的自己和所设想的未来的自己。

正如查尔斯·S.卡弗和迈克尔·F.沙伊尔所说的，"知道什么时候坚持，什么时候放弃，这是一个关键的生活技能"。他们补充说，"另一个重要的技能是在放弃很必要时，拥有彻底放弃的能力，要做到真正放手"。这两种技能的结合给人带来了灵活性，让人们能够意识到并走出棘手的情况，同时为可以改变的情况做出最大的努力。

将精力投入你的新目标上，这是你要迈出的第一步。

寻找人生的意义

人们是如何从阻碍重重的羊肠小道走向充满可能的康庄大道的？心理学一直在用不同的方式提出和解答这一问题。我们已经了解，内在目标比外在目标更能让人产生幸福感和满足感。外在目标要么是外部施加的，要么依赖于外部确认，比如依赖于他人的赞赏。同样地，趋近目标（本身积极的目标）比那些基于避免产生坏结果的目标更能提供满足感。

虽然人类本质上是以目标为导向的，但我们的幸福感——心理学家称为"主观幸福感"，在很大程度上取决于我们的目标是否具有连贯性，能够代表每个人所理解的真实自我。这究竟是什么意思？正如罗伯特·埃蒙斯解释的那样，人类不会仅仅因为设定了重要的生活目标并朝着目标前进而体验到幸福感；这是我们与其他目标导向的生物的区别之一，比如蚯蚓、松鼠，或者可能现在正躺在你脚边的狗或猫。

你此刻是否感到快乐，并不仅取决于你的目标或在实现目标的过程中所取得的进步，还取决于一些其他因素。如果达到目标不能让我们快乐，那么什么可以呢？我们的目标是否反映了自我，决定了我们是否快乐。埃蒙斯写道："人不是个人目标的简单集合，而是需要一个整体的组织原则，将不同的目标整合到一个连贯的结构中……这是同一性或自我所负责的领域，要创造一个整体的生活目标。无论是同一性、自我，还是其他类似的结构，这种组织原则都将个人目标、未来状态和期望结果联系在一起。"他总结道："这个原则最终是为了寻找人生的意义。意义来自个人实现的目标，先将这些目标整合到更广泛的自我系统中，再将这些目标整合到更广泛的社会系统中。"

我们听过的一些关于放弃的故事清楚地表明，有时寻找连贯性和意义是最为重要的。对每个人来说，自我不是静止的，而是不断进步的。我们讲过的环保人士罗伯特，他希望自己的工作能反映和整合他所关心的事情，并能对更深远的福祉做出贡献。游泳运动员黛德丽面临的挑战是，放弃一个曾经是她对自我的主要定义的目标，寻找其他可以找到认同感的领域。

吉尔的故事也是一个很好的例子。她是一位资深律师，收入相当可观。在许多人看来，她有着令人羡慕的工作，而她的不快和不满源于这份工作没有让她感受到意义，实际上还与她最为深刻的自我定义相冲突。而她现在所做的——教书育人，给了她一种归属感和使命感，她认为这才是自己最为关注的。当艺术家玛丽超越了支撑她20

多年的自我定义时，她必须相应地重新定义自己的目标。

　　寻求一致性和意义并不仅局限于那1%的可以不考虑薪水的人，心流状态几乎可以在任何活动或工作中获得。米哈里·契克森米哈赖在《心流》一书中引用了自己开展的一项研究，该研究对100多名从事各种职业的全职男性和女性进行了调研(自我报告)。当收到提示时，被试者要记录下他们的总体感受、他们感受到的挑战，以及在那一刻他们使用了多少技能。他们每天被提示8次。在研究人员收集的4800份回复中，三分之一的回复是被试者当时处于心流状态。当被试者真正在工作和集中注意力时(而不是在工作时间走神、闲聊或处理个人事务)，这一比例甚至更高，达到了54%。契克森米哈赖指出，被试者真正在工作和集中注意力时处于心流状态的比例，远远高于被试者在阅读、看电视、与朋友聚会或外出就餐等休闲活动中有心流体验的比例(比例为18%)。

　　不出所料，他还发现与文员(57%的时间)和蓝领(47%的时间)相比，从事高层工作的人——经理和主管，在64%的时间处于心流状态。令人惊讶的是，虽然这种差异是显著的，但并非压倒性的显著。心流或联结可能并不像人们想象的那么罕见。值得注意的是，契克森米哈赖发现，在休闲活动中，蓝领工人有20%的时间处于心流状态，相比之下，文员和管理人员分别有16%和15%的时间处于心流状态。但正如他所指出的，流水线工人的报告中提及，他们在工作时间处于心流状态的比例（44%）是休闲时（20%）的两倍多。

心流源于一致性，即自我与行动或活动的一致。进入心流状态并没有普遍适用的策略，因为每个人定义自己的方式不同。我们如何思考和定义自己，与我们在放弃一个目标后能够很快投入新的目标密切相关。

自我表征与心理弹性

某些认知、情感上的优势和劣势让一些人更懂得何时放弃以及如何放弃；同样，我们中的一些人能够更好地重新开始，设定和追求一个新的目标来取代过去那个失败的、无法实现的目标。有人认为，这种优势与自我的基本概念（及其本质）是简单还是复杂有很大关系。为什么挫折（比如离婚）对一个人来说是永远无法愈合的伤痛，而对另一个人来说，虽然伤痕累累、痛苦不堪，但随着时间的流逝，他总能开辟新的道路和体验？心理学家帕特丽夏·林维尔认为，自我表征的复杂性会直接影响我们的能力，不仅是应对日常生活压力的能力，还有在我们未能实现目标或停止追求一个重要目标时，应对情绪变化的能力。自我表征越复杂，就越能减轻负面影响和情绪余波；相反，自我表征越简单，就越容易受情绪流露的影响。林维尔的这篇文章副标题是《不要把所有的鸡蛋放在同一个认知篮子里》。

根据林维尔的说法，人们的自我表征包括具体的事件和行为（准时去学校接孩子放学、花六个小时处理一个新案子）、对性格特征的概括（害羞、外向、热情）、身份角色（律师、丈夫、父亲、兄弟）、身份类别（男性、犹太人、自由主义者）、身体特征（健康、高大、近视）、行为（爱打牌的人、水手、爵士爱好者）、偏好（城市生活）、目标（财务自由）、自传体回忆（在祖父母小屋的夏天）、关系（同事、朋友、支持者）。

林维尔认为，这些领域都与关于自我的特定感觉以及评价有关；每一种自我表征都可能唤起一种积极或消极的感觉。我们可能在某个领域（如工作或运动）感到自豪，但在另一个领域（如社交礼仪、语言能力）却不会感到骄傲。最重要的是，林维尔认为有些人的自我表征比其他人的要复杂一些。自我表征所依赖的领域越少、关联越多，目标失败或受挫的情感影响就越大。相反地，当自我表征众多且彼此独立时，个体就会获得更多的情绪缓冲。想象一下，有一个男人主要以事业上的成功、养家糊口的角色、奢侈的生活水平和他人的崇拜来定义自己，如果他的老板在大庭广众之下拒绝了他的晋升或解雇了他，他的失望情绪会蔓延到对自己的定义——他作为丈夫、父亲、朋友和熟人，是不是都是失败的。他可能缺少了一个让他自我感觉良好的领域来对抗负面影响。

相比之下，一个男人拥有同样的声望和高薪工作，但他以更为广泛的方式定义自己：亲密关系、他在社区的工作，以及对弹吉他的热爱。这个男人虽可能遭受同样的挫折，但可以继续在其他领域自我感觉良好，能够更容易投入新目标。在自我中有多少方面直接关系到一个目标的失败，将决定一个人所受情感影响的程度。

在另一项研究中，林维尔关注了自我复杂性，将它作为一种认知缓冲的问题。他举了两个正在办理离婚的女人的例子，对我们之前提出的问题做出了回答：为什么挫折在一个人的生活中只会短暂停留，而在另一个人看来就是无法痊愈的伤痕？第一个女人有相对简单的自我表征——妻子和律师。这两个自我面紧密地交织在一起，因为她的丈夫（即将成为前夫）也是一名律师，他们经常一起工作。林维尔写道："离婚对她的负面影响和自我评价的作用将是巨大的，她的情绪会溢出来，影响她对两个重要的自我面的想法和感觉。"另一个正在经历离婚的女人有着更为复杂的自我角色——妻子、律师、网球运动员和朋友。她的丈夫不是律师，因此她的职业定义不会受到负面影响。她的其他角色定位也是如此。她会更容易渡过离婚的难关。

自我定义狭隘可能使人在目标脱离后很难投入新目标，不管是不是自愿放弃之前的目标。蕾西就是这样，当她的丈夫史蒂文被公司调到法国后，她就跟着他去了法国。在这个过程中，她虽然放弃了自己的工作和朋友圈，但她勇敢地迎接了在国外生活的挑战，会说一口流利的法语。在孩子出生后，她作为一个移居法国的美国人，逐渐接受了两国的社会文化。后来，史蒂文爱上了同事，向蕾西提出离婚。蕾西带着两个孩子回到了美国，她的情绪受到了极大的打击。她找了好几份工作，虽然她的能力远远高于招聘要求，但都没有成功；沮丧之下，她咨询了一位心理治疗师。事情很快就水落石出了，这些年来她一直把自己定义为一个妻子，而离婚带来的消极想法蔓延到了她生活的各个领域。她缺乏自信、总是瞻前顾后，在谈到自己的技能时带着一股自嘲的语气，这些都让潜在的雇主望而却步。对此做出改变需要花一些工夫，但最终她能够恢复一些自我良好的感觉了，并开始制定与自己的需求和愿望相一致的新目标。后来，她开办了自己的咨询公司，为长期移居国外的美国家庭提供咨询服务。

蕾西的故事表明，你可以通过努力重新构建自我表征，增强它们的复杂性。这是一个明智的建议，"不要把所有的鸡蛋放在同一个篮子里。"如果你遭遇了挫折，现在仍然伤痕累累，不断进行思维反刍，那么花点时间想想你的其他自我面，设立一些过渡性目标，以它们为自豪和乐趣。

查尔斯·卡弗和迈克尔·谢尔在他们关于自我调节的经典著作中指出，在放弃一个遥不可及的目标后，追求一个可实现的目标的能力会让人处于前进的状态。当此路涉及自我的核心价值，或者用林维尔的话来说，"涉及个体的核心自我表征时"，这一点尤为重要。他们指出，能够相对抽象地看待目标，不过分纠结目标的细节，而是欣赏其意义，这样做是有好处的。因此，那些虽失去配偶但珍视亲密关系的人，那些意识到自己的核心渴望是体验亲密关系的人，比那些不太清楚其目标更深层本质的人更容易认识到，有很多方式可以帮助自己实现这一点。

复杂的自我表征和对目标进行抽象思考的能力，都赋予了个体所需的灵活性，使其能够通过不同的途径创造性地追求新目标。如果你在投入新目标时遇到了困难，那么想想赋予你生活意义、让你自我感觉良好的自我领域来清除这些阻碍，而不是继续专注于那些你无法实现的目标。试着抽象地思考你的目标，这样就能了解是否还有别的方法来实现它，或者去追求你生活中真正需要的东西。

以那位年轻女子的故事为例，她想在非营利机构找一份工作，却频频受挫。很明显，国家预算的削减让她几乎不可能在非营利机构找到一份能满足自己日常开销的工作。最终，她选择在全职工作之余，在周末做志愿工作，从中获得乐趣并让自己与外界保持联系，专注于自己的目标。她相信，志愿经历会将她最终引向最想去的地方。

抽象地理解目标，也会让你更容易在过渡性目标中看到机会。比如，在失去了一段亲密关系后，你的最终目标是再婚，但对你来说，在过渡期间专注于加深现有的人际关系更容易，更现实。

任何能帮助你在认知和情感上变得灵活的东西，都会支持你一路前进。但是，放弃的目标越接近你的核心自我定义，情感影响就越大，你要在感觉需要的时候寻求支持。情绪恢复也是这个过程中的一部分。

乐观主义与重新投入

我们之前讨论过乐观主义，尤其是过分乐观，它往往导致人们坚持无法实现的目标，并使他们对目标和实现目标所需的技能或机会缺乏现实性评估。一般来说，乐观主义是一种认知偏差，不会对我们的目标脱离有所帮助。但是卡斯滕·霍什和迈克尔·沙伊尔认为，他们将乐观定义为一种相对稳定的、对在重要的生活领域中会出现好的结果的广义期望，是重新投入的一个重要因素。在这项研究中，乐观并不是我们通常所说的悲观的对立面（你是一个看到半满还是半空的杯子的人？），而是处在一个期待的光谱上。霍什和沙伊尔所说的稳定是指乐观，就像人格特质一样，在人的一生中往往是稳定的。他们用一种名为"生活取向测试"的六项量表来衡量乐观和悲观。这一量表只用于研究，而不作为临床工具，但当你阅读下列表述时，不妨定位一下自己。

1. 在不稳定的时期，我通常会期待最好的结果。

2. 对我来说，放松很容易。

3. 如果我觉得自己会有什么问题，最后就一定会出问题。

4. 我对未来总是很乐观。

5. 我很喜欢我的朋友。

6. 对我来说，保持忙碌的状态很重要。

7. 我几乎从不指望事情会如我所愿。

8. 我不太容易生气。

9. 我很少指望好事会发生在我身上。

10. 总的来说，我希望发生在我身上的好事比坏事多。

第2项、第5项、第6项、第8项的表述是干扰项，不计分。对于第1项、第4项和第10项，"非常同意"得4分，"同意"得3分，"没感觉"得2分，"不同意"得1分，"非常不同意"得0分；对第3项、第7项和第9项，计分方式相反（0分=非常同意，1分=同意，2分=没感觉，3分=不同意，4分=非常不同意）。然后把所有的答案得分加起来，分数越高就意味着你越乐观。

霍什和沙伊尔认为，乐观主义为重新投入提供了必要的动力。此外，他们写道："当目标受阻时，乐观的人会用更积极的方式应对，并能解决更多问题。要知道，目标脱离既需要减少努力（停止追求原有目标），也需要放弃承诺。"正如我们已经看到的，那些无法放弃承诺的人最终会陷入困境，无法设定新的目标。霍什和沙伊尔认为，对实现新目标的机会保持乐观有助于推进这个过程。

乐观主义与现实主义之间如何平衡，可以通过考察为实现自己设定的目标所必需的心态做进一步解释。

审慎心态与执行心态

本书专注于掌握放弃的艺术，因此我们并没有真正详细地讨论是什么促成了目标实现。既然重新参与要求我们不仅要知道如何为自己设定正确的目标，还要知道如何实现它们，我们就把注意力转移到这一话题上。彼得·M.戈尔维策的一个极具影响力的观点指出，规划是一个关键因素。戈尔维策将目标追求分为四个独立又相互关联的阶段。第一个是前决策阶段。在这个阶段，个体会考虑期待和愿望的可行性和可取性，然后把一些愿望放到一边，把注意力集中在那些似乎可以通过努力得以实现的愿望上。前决策阶段引发第二个阶段——前行动阶段。在这个阶段，人们开始计划行动来接近目标。这一过程着重于何时、何地、如何采取行动，以及要花多长时间。在第三个阶段，也就是行动阶段，个体会对实现目标的机会做出反应，如果有障碍，就会加倍努力。第四个阶段是后行动阶段。和前决策阶段有些类似，它也是可以评估的。个体不仅要评估自己的表现，也要评估结果，考虑是否实现了预期的承诺。回顾最初选择和设定目标的时刻，个体从可行性和可取性两个方面重新评估它，并通过将它与其他更为可行或可取的目标做对比来展望未来。目标脱离，一般会发生在后行动阶段。

戈尔维策进一步假设，有两种不同的思维模式、不同的认知取向可以用来区分这些阶段。在前决策阶段和后行动阶段中所采取的审慎心态，与在前行动阶段和后行动阶段中所采取的执行心态是不同的。审慎心态是开放的，因为个人仍然在权衡选择，决定要追求哪个目标。这种心态会让人们保持好奇，对各种信息都持开放态度；相反，执行心态模式是专注性的、选择性的、封闭性的。审慎心态在衡量目标的可行性方面更为准确和现实，而执行心态倾向于乐观和自我服务，因为它关注的是持续的行动。

在追求正确的目标时，你很容易看到执行心态的实用性——为你提供前进的充分动力。而如果你必须调整目标承诺，或者目标本身已不符合你的期待时，审慎心态就非常珍贵。就像我们在其他地方看到的那样，执行心态会增强你掌控一切的幻觉。

戈尔维策进行了一系列实验诱导出被试者的心态，实验结果让戈尔维策得出推论——这些心态在实验室之外和在日常生活中都有实际应用。通过专注，人们实际上可以根据手头的情况，将他们的思维转向审慎或执行方向。能够将自己的思维模式与眼下问题进行匹配，是目标投入的有效策略。

如果你为自己设定新目标时遇到困难，试着找出阻碍的因素。你已经放弃的目标失败影响是否阻碍了你投入新的目标追求？如果答案是肯定的，那么思考审慎心态的开放性对你会有所帮助。有必要的话，把可能的替代目标写下来，先考虑哪些是可取的，再考虑哪些是可行的。让自己自由地想象下一个目的地。另外，如果与放弃相关的失望情绪阻碍了行动，那么你应该采取执行心态。制订计划将加强你对目标和积极行为的承诺，这被称为执行意图。

执行意图与行动计划

追求目标的决定有意识地表明了意图（我要做X）。追求一个目标的单一决定为如何精准实现这一目标的其他决定打开了大门。这就是彼得·戈尔维策所说的执行意图，指在特定情况出现时的想法和计划。这里的公式是"如果发生了X，那么我就做Y"，基本上是在根据将要采取的具体行动来重新定义目标。这些意图的形成是如何与目标设定和成就联系起来的？有没有更有效的方法能让个体对目标从只是想想到采取行动？这就是戈尔维策和他的同事在一篇名为《从权衡转向愿意》的论文中所研究的问题。

研究人员让被试者说出两个没有解决的个人问题。

一个必须相对简单（例如，"我应该订这份报纸吗？"或者"我应该去度假滑雪吗？"），另一个更为复杂一些（"我应该和男朋友分手吗？""我应该开始写硕士论文吗？""我应该搬出父母家吗？"）。研究人员已确认过，所有的被试者事实上都需要很久才能就这些个人问题做出决定。被试者被分为三组实验组和一组对照组。第一组被试者要想象，如果他们一直执行已经做出的决定，会有什么样的积极期待。第二组要想出不同的方法来实现他们的目标，而不需要遵循单一的计划。而第三组要在一条单一行动的路径上做出决定。研究人员请对照组被试者做数学题，以此分散他们对个人问题的关注。三周后，研究人员进行跟踪调查，他们发现只有被指示思考并致力于特定行动路径的小组的被试者（第二组被试者），在真正朝着问题解决的目标迈进。

我们能从这里学到的是，执行意图有助于克服拖延和其他阻碍追求目标的障碍，并能增强一个人对可能的行动机会的注意。戈尔维策认为，从有意图到采取行动，会让你对情境线索更为敏感。此外，将行为与特定的关键情况联系起来，将导致这一行为的自动化。换句话说，行为不再是由意识产生的，而是依从了我们在第一章中讨论过的约翰·巴奇和其同事所描述的自动性。不过，在这种情况下，你是在选择要做出回应的情境线索。

用具体的方式思考未来——执行心态，再加上意图或承诺，可以帮助你摆脱思维反刍或分心所导致的停滞状态。当你为自己设定目标并付诸行动时，审慎心态和执行心态都非常有价值。审慎心态让你重新评估自己的努力，如果有需要，将重新校准或调整目标。执行心态会让你的思维调整到问题解决上，它们有着机器引擎的功能。

如果你的目标是解决与他人的矛盾或误解，有意识地表现这个意图将帮助你在行动和语言上做出回应。例如，你会想"如果他愿意敞开心扉，我就提出一个改善关系的建议"，"如果她说讨厌我的生活方式，我就用安静、非对抗性的方法问她一些细节"。表现意图可以将你的注意力集中在这个人的行为上——他是否愿意解决矛盾？从而会让你明白，可以做些什么来促成这种意愿并实现目标。

执行意图可以用于任何领域。它把你拽出目标设定的模糊处境（成为一个更好的人或更积极回应他人的人），让你进入一种积极的心态中（"如果爱人叫我跑个腿，我会任劳任怨"，"如果邻居在旧物甩卖时请我搭把手，我会愿意帮忙"）。执行意图不只是把抽象的目标（成为一个更好的人、健身塑形、对某一主题有更多的了解）变为行动，也是自我调节行为的有效策略。例如，假设你在工作中得到的评价好坏参半，领导表扬了你，但也指出了你对他人的批评反应迟钝的缺点，那么与其告诉自己将要更加积极地响应，不如为自己制订一个行动计划，"下次再受到批评时，我会立即问老板，我应该做些什么，然后尽我所能来解决问题"。

最重要的是，执行意图可以自动化，从而利用有时妨碍有意识目标设定的无意识思维。戈尔维策认为，通过形成执行意图，人们可以战略性地从做出有意识的努力来控制行为，转变到被情境线索自动控制（也就是说，"当Y发生时，我就做X"。）。执行意图也有助于防止分心，让你保持正轨，并加强对目标的承诺。正如戈尔维策、乌特·拜尔和凯瑟琳·莫洛赫所指出的："重要的是要认识到，所有这些策略都着眼于改变自我，从而使自我拥有更好的执行力。"

通往幸福之路

事实证明，通往幸福之路是由意图铺成的，至少在索尼娅·柳博米尔斯基、肯农·谢尔登和大卫·史凯德的研究中，情况是这样的。他们认为有三个因素会影响个体是否幸福：幸福的基准点、生活环境、意向活动，本书之后会解释这些术语。尽管你可能已经渐渐接受了自由意志并非想象中那样自由，自己并不能完全掌控思想，但本书还是给你带来了一些好消息。

幸福的基准点在决定你是否幸福上占了一半。幸福的基准点，就像一部分人格特质一样非常稳定，基本是由基因决定的。

接下来是生活环境，令人惊讶的是，它只占人们幸福的10%，包括积极事件和消极事件（一个幸福、稳定的童年或是充满创伤的童年；获得学术奖项或是在学业上表现糟糕），以及婚姻状况、职业、工作保障、收入、健康和宗教信仰等。研究人员注意到，有着高收入的人确实相对更为幸福；已婚的人比单身、离异或丧偶的人更为幸福；有宗教信仰的人往往认为自己比没有宗教信仰的人更为幸福；健康的人自称比他们生病的朋友更为幸福。但柳博米尔斯基和她的同事们也指出，所有这些不同的环境加在一起，只占幸福感的8%~15%。幸福感研究人员最初的预期是，收入和身体健康等生活环境因素与幸福感密切相关，但令人惊讶的是，它们之间的联系相对较弱，而且存在矛盾。

丹尼尔·吉尔伯特在幸福感方面的研究，解释了在影响偏差和人类快速适应新环境能力方面的惊讶数据。（这就是为什么升职后你的幸福感并不会持续多久，被爱人抛弃的痛苦感也不会持续多久。）正如柳博米尔斯基和她的同事指出的那样："在任何积极的环境变化之后，享乐适应倾向于将人们送回他们的起点。"中彩票会让你幸福的感觉也就这么多了。

好消息是，虽然幸福基准点和生活环境占了决定幸福程度的60%，但有40%来自意向活动，这让你能够对自己的幸福有所掌控。正如你所想象的，意向活动是一个大杂烩，包含了人们做的所有事情，比如行为活动（在树林里散步或与亲密朋友聚会）、认知活动（重新构建情境让自己变得积极）和意志活动（为个人目标而奋斗）。

值得注意的是，不同于环境变化对幸福感的影响（由于适应性相对短暂），意向活动具有长期影响。谢尔登和柳博米尔斯基通过一系列实验验证了这一假设，他们比较了环境变化对幸福感的影响与有意行为对幸福感的影响的持续时间。在第一项研究中，他们让被试者自行选择，要进入环境发生积极变化的小组，还是活动发生积极变化的小组。研究人员发现，随着时间的流逝，环境变化比活动变化带来的促进作用要小。他们的第二项研究对被试者持续干预了12周，结果发现，随着时间的流逝，意向活动会增强幸福感，尽管不是持续递增，但会维持在一个水平上。他们的第三项研究测量了心理健康的变化，发现了同样的模式。

需要注意的是，如果最初的环境不能满足个人的基本需求，那么环境的改变会对幸福产生更持久的影响。换句话说，从三居室搬到更大的房子并不能维持幸福感，你很快就会习惯这个更大的空间，但从危险的社区搬到安全的地方会让你幸福很久。此外，你如何应对生活中的环境变化也会影响适应变化的能力，并回到幸福基准点。正如研究人员所说的，"要想使得环境改变给人的幸福感持续更久，人们要采取行动保持新环境'新鲜'。比如，对新环境时常感到欣赏或感激，努力利用新环境所提供的积极体验的机会。换句话说，当一个人在他的生活环境中进行意向活动时（当一个人根据他的环境行动时），效果才更为明显"。

毫不奇怪，关于许多如何判断是否要放弃一个目标的观点，也适用于带来幸福感或主观幸福的新目标、新活动的选择上。首先，柳博米尔斯基和她的同事认为，人与活动之间的契合度很重要，他们在其他研究中也有过这种观察。其次，他们强调了从开始努力并持续地做出努力的重要性。如果这项活动是自持的、内趋的，或者常能让你处于心流状态，就更容易持续地做出努力。

底线是，虽然我们可能难以弄清现在或将来什么会让我们快乐，但我们可以设定一个幸福基准点，这个基准点是基于我们是谁且长久稳定的。在倾向于适应或忽略环境会让我们快乐的变化上，仍然有很大的回旋余地。

享受你的幸福感

本章所关注的研究指出了有意行为的功效，以及它如何帮助你对自己的思维有所掌控。这些理论概念都可以转化为充满动力的行为，帮助你选择一致的、令你满意的且可实现的目标。你可以使用这些认知策略（心态和执行意图）来实现新的目标。同样，关于幸福感的研究表明，虽然个体对某些方面的幸福无能为力，但可以把控足够多的方面，可以将只是思考幸福转变成意向行动。有意识的思考和行动都会滋养你的自我意识，让你感觉强大。同样，虽然车库里的奔驰车或者衣柜里的古驰套装不会让你持续感到幸福，但如何看待它们——你为了买下它们所付出的努力，以及这些努力给你带来的感受——可能会让你的幸福更持久一些。

在目标脱离后，重置你的内心罗盘是一种出于信念和勇气的行为，其中也充满了可能性。从这个转变中出现的自我将不再是一开始的自我。我们希望你从这本书中学到的东西，能让你在需要的时候做到潇洒放弃，不管身处什么样的文化氛围或环境中，你都会有意识地、优雅地且明智地做出这一决定。我们也希望，当你放弃目标后还不知道下一步该怎么做时，依然感到自信。最终，你会充分享受属于你的幸福感。

后记

放弃的智慧

写这本书的一个有趣的起因是，我们常常听到不同年龄的人们会谈论他们在童年学到的关于坚持的观念。婴儿潮一代的人——那些现在20到40多岁的人——是听着父母和祖父母的故事长大的，他们的父母和祖父母经历过大萧条时期和第二次世界大战。关于坚持的主题与英雄主义紧密相连，也在图书、电影和学校的课程中得到了呼应。然而，这代人对延长越南战争时间的沉没成本思维的排斥改变了人们对坚持的看法。在这样的背景下，坚持下去与保守主义、现实主义的缺乏，以及沉溺于注定失败的事交织在一起。至少有一段时间，许多年轻人都放弃了父母的文化期望。正如蒂莫西·利里所规劝的那样，他们中的许多人确实"聚神、入世、出离"。

因此，婴儿潮一代的人似乎有更多的回旋余地，能够改变他们儿时所接受的观念。然而，这些年轻人也说，即使他们的父母没有把坚持作为一种美德来吹捧，他们也经常以坚持到底为榜样。

本书的问卷调查并非科学性调查，而是一次故事征集行动，揭示了大多数人对于承认放弃一些重要的事情仍然感到矛盾，即使最终证明放弃是正确的选择。放弃者的文化形象——缺乏毅力、一事无成——仍然突出。

婴儿潮一代的父母往往不会让孩子放弃任何承诺。如果你说了要学萨克斯，就得被迫坚持练习。一方面，婴儿潮一代的父母试图教他们的孩子努力和坚持的价值，但另一方面，也给孩子自由探索的机会，如果发现目标不适合自己，那就果断放弃。

"有时候很难弄清楚孩子为什么要放弃，"一位母亲说，"害怕失败永远是选择放弃的糟糕理由，如果我发现理由真的是这个，我就绝不会让他选择放弃。此外，强迫一个孩子坚持做他讨厌的事情也不会有什么好处。"另一位母亲则持相反的观点，她写道，"只有从一而终，你才能真正有所收获"。她说："生活中充满了你真的很想放弃但需要坚持下去的情况。这再真实不过了。"

对于大多数父母来说，让孩子放弃一项团队运动是最棘手的问题——很难平衡个人欲望和对他人的承诺。一位33岁的父亲回忆说，他决定允许儿子退出冰球运动，尽管他已经为这项运动买了所有昂贵的设备。"我不知道我对此有什么感受，因为这项运动对我来说并不重要。如果那是我打了一辈子的高尔夫球，我会有不同的反应吗？我不知道。"

无论是蔡美儿《虎妈战歌》的大受欢迎，还是因其纪律严明、坚持不懈，以最大化孩子成就为目标的教育理念而引发的争议都表明，大多数人仍然不确定放弃是否应该成为他们可以做出的一种选择。

本书并非认为放弃是唯一的答案。如果放弃的同时没有投入新的目标，就根本没有解决问题。在一个关注外在目标（主要是金钱和名誉）、迷恋功成名就的文化氛围中，作为一个人、父母和导师，我们的工作不是关注坚持的价值，而是更多地关注我们为自己设定的目标以及鼓励他人的行动上。

我们现在知道，坚持的品质是人类与生俱来的。我们需要学习的是辨别能力，知道哪些目标值得努力，有足够的意义为我们提供幸福感和满足感。科技在持续地塑造儿童和青少年的自我价值——根据在YouTube和Twitter上追随者的数量、短信，以及Facebook上的好友来判断是否受人欢迎和关注。我们现在似乎比以往任何时候，都更需要关注内在的、一致的自我目标，而不是那些外在目标。在我们现在的世界，诱惑无处不在：枕头边放着手机，多个屏幕长期同时显示，确保鼓励孩子专注于适合自己的目标，并支持他们不断努力，这应该是优先考虑的事情。在一个急功近利的文化氛围中，教导孩子追求目标本身就是一段有意义的旅程，重要的不仅仅是结果和成就。

尽管很多文化都在贬低放弃，但它是我们在一生中不可避免的一部分，在某些阶段放弃会容易一些，在另一些阶段会很难。掌控我们的思想、感情和行动，是精通放弃的艺术和生活幸福的核心。

有意识的、深思熟虑的放弃让我们对决定有了不同的看法，无论是我们自己的决定还是别人的。正如一位30岁的年轻人在描述自己两次从大学退学，最后成为大学教师的经历时所写的那样："我的看法得到了改变，因为放弃某些东西往往是为了确认一些我们还没有掌握的更深远的东西。虽然，我发现每当听到人们说出他们放弃的决定往往令人沮丧，但我现在试着去倾听他们努力想要采取的、无法用语言表达的积极行动。"

致谢

本书参阅了大量相关资料，如果没有心理学家、经济学家和其他学者精妙绝伦的研究，没有社会学家对于人们为何做某事，在思考的过程中发现自动性和无意识、自律、目标设定的种种探索，本书不会面世。在大脑运行方面的新发现不断地启发和激励着我们。虽然这些研究人员并不负责这些想法的应用和传达，但如果没有他们和其所构设的研究，本书就只能是纸上谈兵，而没有任何科学支持，只能以一些有趣想法和乐天情绪来收尾。

就我个人而言，探索这一领域的学术发现之旅，有时令人兴奋，有时令人不安。我还在适应意识是一种幻觉的想法。

非常感谢我的经纪人伊丽莎白·卡普兰没有放弃，也感谢丹·安布罗西奥通读了全书，并表现出了极高热情。感谢卡洛琳·索布查克耐心地倾听我哀叹再也看不到蓝色铅笔修改的稿子了。

很多朋友和陌生人读了本书后，踊跃向我发来电子邮件，谈论他们的放弃、失败、后悔，以及重新开始和重塑自我的快乐。感谢杰奎琳·弗里曼、莱斯利·加里斯托、雷·希利、埃德·米肯斯、帕蒂·皮奇、克劳迪娅·卡拉拜伊克·萨金特和洛里·斯坦。还要感谢所有那些分享了自己的故事但不愿具名的人，很感谢你们的帮助。特别感谢卡里尔·麦克布莱德，我们几乎每天早上都会互通邮件。

非常感谢亚历山德拉·伊斯雷尔和克雷格·韦瑟利，他们不得不忍受与一位心烦意乱的作家和成堆的文章整天生活在一起。克雷格尤其值得称赞，他最近掌握了许多新的数据库搜索技术，帮我找到了许多我在互联网上找不到的学术文章。

——佩格·斯特里普

首先，我要感谢多年来与我一起工作的个人和团队。他们寻找道路和追求梦想的勇气、坚韧，让我认识到放弃实在是一门艺术。

在专业上，我感谢乔治·温伯格博士、路易斯·奥诺特博士和拉里·爱普斯坦博士，他们每个人都有各自的特点，培养出了一大批能够从自己独特的才能中受益的心理治疗师。他们增强了我对人类精神潜能的感知，帮助我成为一名技术熟练的心理治疗师，成为能够感受和欣赏人们精神追求的人。

最后，我要感谢理查德·尼尔森·鲍利斯，他是《你的降落伞是什么颜色？》一书的作者。和他的共同研究鼓励我把职业转变看成一种精神成长的机会。对于促成人们的观念转变，将未来理解成一个不断探索的过程，没有人比迪克更能发挥作用。

———艾伦·B.伯恩斯坦

参考资料

Achtziger, Anja, Thorsten Fehr, Gabriele Oettingen, Peter M. Gollwitzer, and Brigitte Rockstroh. "Strategies of Intention Formation Are Reflected in Continuous MEG Activity." *Social Neuroscience* 4, no. 1 (2009): 11–27.

Ackerman, Joshua M., Noah J. Goldstein, Jenessa R. Shapiro, and John A. Bargh. "You Wear Me Out: The Vicarious Depletion of Self-Control." *Psychological Science* 70, no. 3 (2009): 327–332.

Ainsworth, Mary. *Patterns of Attachment: A Psychological Study of the Strange Situation*. Hillsdale, NJ: L. Laurence Erlbaum Associates, 1978.

Alan, Lorraine G., Shepherd Siegel, and Samuel Hannah. "The Sad Truth About Depressive Realism." *Quarterly Journal of Experimental Psy- chology* 60, no. 3 (2007): 482–495.

Alloy, Lauren B., and Lyn Y. Abramson. "Judgment of Contingency in Depressed and Non-Depressed Students: Sadder but Wiser?" *Journal of Experimental Psychology* 108, no. 4 (1978): 441–485.

Bargh, John A., and Tanya L. Chartrand. "The Unbearable Automaticity of Being." *American Psychologist* 54, no. 7 (July 1999): 462–479.

Bargh, John A., Mark Chen, and Lara Burrows. "Automaticity of Social Behavior: Direct Effects of Trait Construct and Stereotype Activation on Actions." *Journal of Personality and Social Psychology* 71, no. 2 (1996): 230–244.

Bargh, John A., Peter Gollwitzer, Annette Lee-Chai, Kimberly Barndollar, and Roman Trötschel. "The Automated Will: Nonconscious Activation and Pursuit of Behavior Goals." *Journal of Personality and Social Psychology* 81, no. 6 (2001): 1,014–1,027.

Bargh, John A., and Ezequiel Morsella. "The Unconscious Mind." *Perspectives on Psychological Science* 3, no. 1 (2003): 73–79.

Barrett, Lisa Feldman, James Gross, Tamlin Conner Christensen, and Michael Benvenuto. "Knowing What You' re Feeling and Knowing

What to Do About It: Mapping the Relation Between Emotion Differentiation and Emotion Regulation." *Cognition and Emotion* 15, no. 6 (2001): 713–724.

Baumann, Nicola, and Julius Kuhl. "How to Resist Temptation: The Effects of External Control Versus Autonomy Support on Self-Regulatory Dynamics." *Journal of Personality* 73, no. 2 (April 2005): 444–470.

———. "Intuition, Affect, and Personality: Unconscious Coherence Judgments and Self-Regulation of Negative Affect." *Journal of Personality and Social Psychology* 83, no. 5 (2002): 1,213–1,225.

———. "Self-Infiltration: Confusing Tasks As Self-Selected in Memory." *Personality and Social Psychology Bulletin* 29, no. 4 (April 2003): 487–497.

Baumeister, Roy F., Ellen Bratslavsky, Mark Muraven, and Dianne M. Tice. "Ego Depletion: Is the Active Self a Limited Resource?" *Journal of Personality and Social Psychology* 74, no. 5 (1998): 1,252–1,265.

Baumeister, Roy F., Ellen Bratslavsky, Catrin Finkenauer, and Kathleen Vohs. "Bad Is Stronger than Good." *Review of General Psychology* 5, no. 4 (2001): 323–370.

Baumeister, Roy F., and John Tierney. *Willpower: Rediscovering the Greatest Human Strength*. New York: Penguin Books, 2011.

Bridges, William. *Transitions: Making Sense of Life's Changes*. New York: Da Capo Press, 2004.

Butler, Lisa D., and Susan Nolen-Hoeksema. "Gender Differences in Response to Depressed Mood in a College Sample." *Sex Roles*, 30: 331–346.

Carver, Charles S. "Approach, Avoidance, and the Self-Regulation of Affect and Action." *Motivation and Emotion* 30 (2006): 105–110.

———. "Negative Affects Deriving from the Behavior Approach Sys- tem." *Emotion* 4, no. 1 (2004): 3–22.

Carver, Charles S., and Michael F. Scheier. *On The Self-Regulation of Behavior*. Cambridge and London: Cambridge University Press, 1998.

———. "Scaling Back Goals and Recalibration of the Affect Systems Are Processes in Normal Adaptive Self-Regulation: Understanding The 'Response-Shift' Phenomena." *Social Science and Medicine* 50 (2000): 1,715–1,722.

Chabris, Christopher, and Daniel Simons. *The Invisible Gorilla: How Our Intuitions Deceive Us*. New York: Broadway Paperbacks, 2011.

Chartrand, Tanya L., and John A. Bargh. "The Chameleon Effect: The Perception-Behavior Link and Social Interaction." *Journal of Personality and Social Psychology* 76, no. 6 (1999): 893–910.

Chartrand, Tanya L., Rick B. van Baaren, and John A. Bargh. "Linking Automatic Evaluation to Mood and Information Processing Style: Consequences for Experienced Affect, Impression Formation, and Stereotyping." *Journal of Experimental Psychology* 35, no. 1 (2006): 70–79.

Chartrand, Tanya L., Clara Michelle Cheng, Amy L. Dalton, and Abraham Tesser. "Nonconscious Incidents or Adaptive Self-Regulatory Tool?" *Social Cognition* 28, no. 5 (2010): 569–588.

Connolly, Terry, and Marcel Zeelenberg. "Regret in Decision Making." *Current Directions in Psychological Science* 11, no. 6 (December 2002): 212–216.

Csikszentmihalyi, Mihaly. *Flow: The Psychology of Optimal Experience*. New York: Harper Perennial/Modern Classics, 2008.

Deci, Edward L., and Richard M. Ryan. "The 'What' and 'Why' of Goal Pursuits: Human Needs and the Self-Determination of Behavior." *Psychological Inquiry* 13, no. 4 (2000): 227–268.

Diefendorff, James M. "Examination of the Roles of Action-State Orientation and Goal Orientation in the Goal-Setting and Performance Process." *Human Performance* 17, no. 4: 375–395.

Diefendorff, James M., Rosalie J. Hall, Robert G. Ord, and Mona L. Strean. "Action-State Orientation: Construct Validity of a Revised Measure and Its Relationship to Work-Related Variables." *Journal of Applied Psychology* 85, no. 2 (2000): 250–261.

Drach-Zahavy, Anat, and Miriam Erez. "Challenge Versus Threat Effects on the Goal Performance Relationship." *Organizational Behavior and Human Decision Process* 88 (2002): 667–682.

Duhigg, Charles. *The Power of Habit: What We Do in Life and Business*. New York: Random House, 2012.

Dunning, David, Dale W. Griffin, James D. Mikojkovic, and Lee Toss. "The Overconfidence Effect in Social Prediction." *Journal of Personality and Social Psychology* 58, no. 4 (1990): 568–581.

Dunning, David, and Amber L. Story. "Depression, Realism, and the Overconfidence Effect: Are the Sadder Wiser When Predicting Future Actions and Events?" *Journal of Personality and Social Psychology* 61, no. 4 (1981): 521–532.

Elliot, Andrew J. "A Hierarchical Model of Approach-Avoidance Motiva- tion." *Motivation and Emotion* 29 (2006): 111–116.

Elliot, Andrew J., and Todd M. Thrash. "Approach-Avoidance Motivation in Personality: Approach and Avoidance Temperaments and Goals." *Journal of Personality and Social Psychology* 82, no. 5 (2002): 804–818.

———. "Approach and Avoidance Temperament As Basic Dimensions of Personality." *Journal of Personality* 78, no. 3 (June 2010): 865–906.

———. "The Intergeneration Transmission of Fear of Failure." *Personality and Social Psychology Bulletin* 30, no. 8 (August 2004): 957–971.

Elliot, Andrew J., and Marcy A. Church. "Client-Articulated Avoidance Goals in the Therapy Context." *Journal of Counseling Psychology* 49, no. 2 (2002): 243–254.

Elliot, Andrew J., and Harry T. Reis. "Attachment and Exploration in Adulthood." *Journal of Personality and Social Psychology* 85, no. 2 (2003): 317–331.

Elliot, Andrew J., and Kennon M. Sheldon. "Avoidance Achievement Motivation: A Personal Goals Analysis." *Journal of Personality and Social Psychology* 73, no. 1 (1997): 151–185.

Elliot, Andrew J., Todd M. Thrash, and Jou Murayama. "A Longitudinal Analysis of Self-Regulation and Well-Being: Avoidance Personal Goals, Avoidance Coping, Stress Generation, and Subjective Well-Being." *Journal of Personality* 73, no. 3 (June 2011): 643–674.

Emmons, Robert A., and Laura King. "Conflict Among Personal Stirrings: Immediate and Long-Term Implications for Psychological and Physical Well-Being." *Journal of Personality and Social Psychology* 54, no. 6 (1988): 1,040–1,048.

Epstude, Kai, and Neal J. Roese. "The Functional Theory of Counterfactual Thinking." *Personality and Social Psychology Review* 12, no. 2 (May 2008): 168–192.

Fivush, Robyn. "Exploring Sex Differences in the Emotional Context of Mother-Child Conversations About the Past." *Sex Roles* 20, nos. 11–12 (1989): 675–695.

Friedman, Ron, Edward L. Deci, Andrew J. Elliot, Arlen C. Moller, and Henk Aarts. "Motivational Synchronicity: Priming Motivation

Orientations with Observations of Others' Behaviors." *Motivation and Emotion* 34 (2010): 34–38.

Gable, Shelley L. "Approach and Avoidance Social Motives and Goals."

Journal of Personality 74, no. 1 (February 2006): 175–222.

Gallo, Inge Schweiger, and Peter M. Gollwitzer. "Implementation Intentions: A Look Back at Fifteen Years of Progress." *Psicothema* 19, no. 1 (2007): 37–42.

Gibson, E. J., and R. D. Walk. "The Visual Cliff." *Scientific American* 202, no. 4 (1960): 67–71.

Gilbert, Daniel T. *Stumbling on Happiness.* New York: Vintage Books, 2007.

Gilbert, Daniel T., Erin Driver-Linn, and Timothy D. Wilson. "The Trouble with Vronsky." In *The Wisdom in Feeling: Psychological Processes in Emotional Intelligence*, ed. Lisa Feldman Barrett and Peter Salovey. New York: The Guilford Press, 2002.

Gilbert, Daniel T., and Jane E. J. Ebert. "Decisions and Revisions: The Affective Forecasting of Changeable Outcomes." *Journal of Personality and Social Psychology* 82, no. 4 (2002): 503–514.

Gilbert, Daniel T., Carey K. Morewedge, Jane L. Risen, and Timothy D. Wilson. "Looking Forward to Looking Backward." *Psychological Science* 15, no. 5 (2004): 346–350.

Gilovic, Thomas, and Victoria Husted Medvec. "The Experience of Regret: What, When, and Why." *Psychological Review* 102, no. 2 (1995): 379–395.

Gilovic, Thomas, Victoria Husted Medvec, and Daniel Kahneman. "Varieties of Regret: A Debate and Partial Resolution." *Psychological Review* 105, no. 3 (1995): 602–605.

Goleman, Daniel. *Emotional Intelligence: Why It Can Matter More than IQ.* New York: Bantam Books, 1994.

Gollwitzer, Peter M. "Implementation Intentions; Strong Effects of Simple Plans." *American Psychologist* 54, no. 7 (1999): 493–502.

———. "Action Phases and Mindsets." In *Handbook of Motivation and Cognition: Foundation of Social Behavior,* edited by E. Tory Higgins and Richard M. Sorrentino, 2:53–92. New York and London: Guil- ford Press, 1990.

Gollwitzer, Peter M., Heinz Heckhausen, and Heike Katajczak. "From Weighing to Willing: Approaching a Change Decision Through

Pre-or Postdecisional Mentation." *Organizational Behavior and Human Decision Processes* 45 (1990): 41–65.

Gollwitzer, Peter M., Ute G. Bayer, and Kathleen Molloch. "The Control of the Unwanted." In *The New Unconscious,* edited by Ran R. Hassin, James S. Uleman, and John A. Bargh, 485–515. New York: Oxford University Press, 2006.

Gollwitzer, Peter M., and John A. Bargh, eds. *The Psychology of Action: Linking Cognition and Motivation to Behavior.* New York: Guilford Press, 1996.

Heatherton, Todd, and Patricia A. Nichols. "Personal Accounts of Successful Versus Failed Attempts at Life Change." *Personality and Social Psychology Bulletin* 20, no. 6 (December 1994): 664–675.

Henderson, Marlone D., Peter M. Gollwitzer, and Gabriele Oettingen. "Implementation Intentions and Disengagement from a Failing Course of Action." *Journal of Behavior Decision Making* 20 (2007): 81–102.

Houser-Marko, Linda, and Kennon M. Sheldon. "Eyes on the Prize or Nose to the Grindstone: The Effects of Level of Goal Evaluation on Mood and Motivation." *Personality and Social Psychology Bulletin* 34, no. 14 (November 2008): 1,556–1,569.

Inzlicht, Michael, and Brandon J. Schmeichel. "What Is Ego Depletion? Toward a Mechanistic Revision of the Resource Model of Self-Control." *Perspectives on Psychological Science* 7, no. 5 (2012): 450–463.

Johnson, Joel T., Lorraine M. Cain, Toni L. Falker, Jon Hayman, and Edward Perillo. "The 'Barnum Effect' Revisited: Cognitive and Motivational Factors in the Acceptance of Personality Descriptions." *Journal of Personality and Social Psychology* 49, no. 5 (1985): 1,378–1,391.

Jostmann, Nils B., Sander L. Koole, Nickie Y. Van Der Wulp, and Daniel A. Fockenberg. "Subliminal Affect Regulation: The Moderating Role of Action Versus State Orientation." *European Psychologist* 10 (2005): 209–217.

Kahneman, Daniel. "A Perspective on Judgment and Choice: Mapping Bounded Rationality." *American Psychologist* 85, no. 9 (September 2003): 692–720.

———. *Thinking, Fast and Slow*. New York: Farrar, Straus and Giroux, 2011.

Kahneman, Daniel, and Amos Tversky. "Prospect Theory: An Analysis of Decision Under Risk." *Econometrica* 47, no. 2 (March 1979): 263–291.

Kasser, Tim, and Richard M. Ryan. "Further Examining the American Dream: Differential Correlates of Intrinsic and Extrinsic Goals." *Personality and Social Psychology Bulletin* 22, no.3 (March 1996): 280–287.

———. "The Dark Side of the American Dream: Correlates of Financial Success As a Central Life Aspiration." *Journal of Personality and Social Psychology* 65, no. 3 (1993): 410–422.

Kay, Aaron C., S. Christian Wheeler, John A. Bargh, and Lee Ross. "Material Priming: The Influence of Mundane Physical Objects on Situational Construal and Competitive Behavior Choice." *Organizational Behavior and Human Decision Process* 93 (2004): 83–96.

Klinger, Eric. "Consequences of Commitment to and Disengagement from Incentives." *Psychological Review* 82, no. 2 (1975): 1–25.

Koch, Erika J., and James A. Shepherd. "Is Self-Complexity Linked to Better Coping? A Review of the Literature." *Journal of Personality* 72, no. 4 (August 2004): 727–760.

Koole, Sander L., Julius Kuhl, Nils B. Jostmann, and Catrin Finkenauer. "Self-Regulation in Interpersonal Relationships: The Case of Action Versus State Orientation." In *Self and Relationship*, edited by Kath- leen D. Vohs and E. J. Finkel, 360–386. New York and London: The Guilford Press, 2006.

Koole, Sander L., and Nils B. Jostmann. "Getting a Grip on Your Feelings: Effects of Action Orientation on Intuitive Affect Regulation." *Journal of Personality and Social Psychology* 87, no. 6 (2004): 974–990.

———. "On the Waxing and Waning of Working Memory: Action Ori- entation Moderates the Impact of Demanding Relationship Primers on Working Memory Capacity." *Social Psychology Bulletin* 32, no. 12 (December 2006): 1,716–1,728.

Koole, Sander L., and Daniel A. Fockenberg. "Implicit Emotional Regulation Under Demanding Conditions: The Mediating Role of Action Versus State Orientation." *Cognition and Emotion* 25, no. 3 (2011): 440–452.

Koole, Sander L., Julius Kuhl, Nils B. Jostmann, and Kathleen D. Vohs. "On the Hidden Benefits of State Orientation: Can People Prosper

Without Efficient Affect-Regulation Skills?" In *Building, Defending, and Regulating the Self*, edited by Abraham Tesser, Joanne Woods, and Diederik Stapel, 217–244. New York: Psychology Press, 2005.

Kruger, Justin. "Lake Wobegon Be Gone! The 'Below-Average Effect' and the Egocentric Nature of Comparative Ability Judgments." *Journal of Personality and Social Psychology* 77, no. 2 (1999): 221–232.

Kuhl, Julius. "Motivational and Functional Helplessness: The Moderating Effect of State Versus Action Orientations." *Journal of Personality and Social Psychology* 40, no. 1 (1981): 155–170.

Lench, Heather C., and Linda J. Levine. "Goals and Responses to Failure: Knowing When to Hold Them and When to Fold Them." *Motiva- tion and Emotion* 32 (2008): 127–140.

Levin, Daniel T., Nausheen Momek, Sarah B. Drivdahl, and Daniel J. Simons. "Change Blindness Blindness: The Metacognitive Error of Overestimating Change-Detection Ability." *Visual Cognition* 7, nos. 1–3 (2000): 397–412.

Linville, Patricia W. "Self-Complexity and Affective Extremity: Don't Put All of Your Eggs in One Cognitive Basket." *Social Cognition* 1, no. 1 (1985): 94–120.

———. "Self-Complexity As a Cognitive Buffer Against Stress-Related Illness and Depression." *Journal of Personality and Social Psychology* 12, no. 4 (1987): 663–676.

Locke, Edwin A., and Gary P. Latham. "Has Goal Setting Gone Wild, or Have Its Attackers Abandoned Good Scholarship?" *Academy of Management Perspectives* 23, no. 1 (February 2009): 27–23.

———. "New Directions in Goal-Setting Theory." *Current Directions in Psychological Science* 15, no. 5 (October 2006): 265–268.

Loewenstein, George F., and Drazen Prelec. "Preferences for Sequences of Outcomes." *Psychological Review* 100, no. 1 (1993): 91–108.

Lovallo, Dan, and Daniel Kahneman. "Delusions of Success: How Optimism Undermines Executives' Decisions." *Harvard Business Review* (July 2003), 56–63.

Lyubomirsky, Sonja, Kennon M. Sheldon, and David Schkade. "Pursuing Happiness: The Architecture of Sustainable Change." *Review of Gen- eral Psychology* 9, no. 2 (2005): 111–131.

Masicampo, E. J., and Roy F. Baumeister. "Consider It Done! Plan Making Can Eliminate the Cognitive Effects of Unfulfilled Goals." *Journal of Personality and Social Psychology* (June 2, 2011), advance online publication. DOI:10.1037/ 90024192.

Mayer, John D., Peter Salovey, and David R. Caruso. "Emotional Intelligence: New Ability or Eclectic Traits." *American Psychologist* 65, no. 7 (September 2008): 515.

McElroy, Todd, and Keith Dows. "Action Orientation and Feelings of Regret." *Judgment and Decision Making* 2, no. 6 (December 2007): 333–341.

Mikulincer, Mario, Philip R. Shaver, and Dana Pereg. "Attachment Theory and Affect Regulation: The Dynamics, Development, and Cognitive Consequences of Attachment-Related Strategies." *Motivation and Emotion* 27, no. 2 (June 2003): 77–102.

Miller, Gregory E., and Carsten Wrosch. "You've Gotta Know When to Fold 'Em: Goal Disengagement and Systemic Inflammation in Adolescence." *Psychological Science* 18, no. 9 (2007): 773–777.

Morisano, Dominique, Jacob B. Hirsh, Jordan B. Peterson, Robert O. Pihl, and Bruce M. Shore. "Setting, Elaborating and Reflecting on Personal Goals Improves Academic Performance." *Journal of Applied Psychology* 85, no. 2 (2010): 255–264.

Morsella, Ezequiel, Avi Ben-Zeev, Meredith Lanska, and John A. Bargh. "The Spontaneous Thoughts of the Night: How Future Tasks Breed Intrusive Cognitions." *Social Cognition* 28, no. 5 (2010): 640–649.

Moskowitz, Gordon B., and Heidi Grant, eds. *The Psychology of Goals.* New York: Guilford Press, 2009.

Muraven, Mark, Dianne M. Tice, and Roy M. Baumeister. "Self-Control As Limited Resource: Regulatory Depletion Patterns." *Journal of Personality and Social Psychology* 74, no. 3 (1998): 774–789.

Nolen-Hoeksema, Susan, and Benita Jackson. "Mediators of the Gender Difference in Rumination." *Psychology of Women Quarterly* 25 (2001): 37–47.

Oettingen, Gabriele. "Future Thought and Behaviour Change." *European Review of Social Psychology*

23, no. 1 (2012): 1–63.

Oettingen, Gabriele, and Doris Mayer. "The Motivating Function of Thinking About the Future: Expectations Versus Fantasies." *Journal of Personality and Social Psychology* 83, no. 5 (2002): 1,198–1,212.

Oettingen, Gabriele, and Peter M. Gollwitzer. "Strategies of Setting and Implementing Goals: Mental Contrasting and Implementation Intentions." In *Social Psychological Foundations of Clinical Psychol- ogy*, edited by J. E. Maddux and J. P. Tanguy, 114–135. New York: Guildford Press, 2010.

Oettingen, Gabriele, Doris Mayer, Jennifer S. Thorpe, Hanna Janetzke, and Solvig Lorenz. "Turning Fantasies About Positive and Negative Futures into Self-Improvement Goals." *Motivation and Emotion* 29, no. 4 (December 2003): 237–267.

Oettingen, Gabriele, Hyeonju Pak, and Karoline Schnetter. "Self-Regulation of Goal-Setting: Turning Free Fantasies About the Future into Binding Goals." *Journal of Personality and Social Psychology* 80, no. 5 (2001): 736–753.

Ordóñez, Lisa D., Maurice E. Schweitzer, Adam D. Galinsky, and Max H. Bazerman. "Goals Gone Wild: The Systematic Side Effects of Over-Prescribing Goal Setting." Working Paper 09-083, Harvard Business School, Boston, 2009.

———. "On Good Scholarship, Goal Setting and Scholars Gone Wild." Working Paper 09-122, Harvard Business School, Boston, 2009.

Pieters, Rik, and Marcel Zeelenberg. "A Theory of Regret Regulation 1.1." *Journal of Consumer Psychology* 17, no. 1 (2007): 29–35.

Pronin, Emily, Daniel Y. Lin, and Lee Ross. "The Bias Blind Spot: Perceptions of Bias in Self Versus Others." *Personality and Social Psychology Bulletin* 28, no. 3 (March 2002): 369–381.

Reid, R. L. "The Psychology of the Near Miss." *Journal of Gambling Behavior* 2, no. 1 (1986): 32–39.

Roese, Neal J., and Amy Summerville. "What We Regret Most . . . and Why." *Personality and Social Psychology Bulletin* 31, no. 9 (September 2008): 1,273–1,285.

Ryan, Richard M., and Edward L. Deci. "Intrinsic and Extrinsic Motivations: Classic Definitions and New Directions." *Contemporary Edu- cational Psychology* 25 (2000): 54–67.

Saffrey, Colleen, Amy Summerville, and Neal J. Roese. "Praise for Regret: People Value Regret Above Other Negative Emotions." *Motivation and Emotion* 31, no. 1 (March 2008): 46–54.

Salovey, Peter, and D. J. Sluyter. *Emotional Development and Emotional Intelligence*. New York: Basic Books, 1997, 3–31.

Samuelson, William, and Richard Zeckhauser. "The Status Quo Bias in Decision-Making." *Journal of Risk and Uncertainty* 1 (1988): 7–59.

Schmeichel, Brandon J., and Kathleen Vohs. "Self-Affirmation and Self-Control: Affirming Core Values Counteracts Ego Depletion." *Journal of Personality and Social Psychology* 96, no. 4 (2009): 770–782.

Schwartz, Barry, Andrew Ward, John Monterosso, Sonja Lyubomirsky, Katherine White, and Darrin R. Lehrman. "Maximizing Versus Satisficing: Happiness Is a Matter of Choice." *Journal of Personality and Social Psychology* 83, no. 5 (2002): 1,178–1,197.

Senay, Ibrahim, Dolores Abarracin, and Kenji Noguchi. "Motivating Goal-Directed Behavior Through Introspective Self-Talk: The Role of the Interrogative Form of Simple Future Tense."

Psychological Sci- ence 21, no. 4 (2010): 499–504.

Shaver, Philip R., and Mario Mikulincer. "Attachment-Related Psychodynamics." *Attachment and Human Development* 4 (2002): 133–161. Sheldon, Kennon M., and Sonja Lyubomirsky. "Achieving Sustainable Gains in Happiness: Change Your Actions, Not Your Circumstances." *Journal of Happiness Studies* 7 (2006): 55–86.

Sheldon, Kennon M., and Tim Kasser. "Pursuing Personal Goals: Skills Enable Progress But Not All Progress Is Beneficial." *Personality and Social Psychology Bulletin* 24, no. 12 (1998): 1,319–1,331.

Sheldon, Kennon M., Tim Kasser, Kendra Smith, and Tamara Share. "Personal Goals and Psychological Growth: Testing an Intervention to Enhance Goal Attainment and Personality Integration." *Journal of Personality* 70, no. 1 (February 2002): 5–31.

Sheldon, Kennon M., Richard M. Ryan, Edward L. Deci, and Tim Kasser. "The Independent Effects of Goal Contents: It's Both What You Pursue and Why You Pursue It." *Personality and Social Psychol- ogy Bulletin* 30, no. 4 (April 2004): 475–486.

Shoda, Yuichi, Walter Mischel, and Philip K. Peake. "Predicting Adolescent Cognitive and Self-Regulatory Competencies from Preschool Delay of Gratification: Identifying Diagnostic Conditions." *Developmental Psychology* 16, no. 6 (1990): 978–986.

Siegel, Daniel J., and Mary Hartzell. *Parenting from the Inside Out*. New York: Jeremy P. Tarcher/Penguin: 2003.

Simons, Daniel J., and Christopher Chabris. "Gorillas in our Midst: Sustained Inattention Blindness." *Perception* 28 (1999): 1,059–1,074.

Simons, Daniel J., and Daniel T. Lewin. "Failure to Detect Changes to People During a Real-World Interaction." *Psychonomic Bulletin and Review*, 5, no. 4 (1998): 644–649.

Skinner, B. F. "Superstition in the Pigeon." *Journal of Experimental Psy- chology* 38 (1938): 168–172.

Slaughter, Anne-Marie. "Why Women Still Can't Have It All." *Atlantic*, July/August 2012. www.theatlantic.com/magazine/archive/2012/07/ why-women-still-cant-have-it-all/309020.

Sorce, James F., Robert N. Emde, Joseph Campos, and Mary D. Klinnert. "Maternal Emotional Signaling: Its Effect on the Visual Cliff Behavior of 1-Year-Olds." *Developmental Psychology* 21, no. 1 (1985):195–200.

Staw, Barry M. "The Escalation of Commitment to a Course of Action." *Academy of Management Review* 6, no. 4 (October 1981): 577–587.

'Thrash, Todd M., and Andrew J. Elliot. "Implicit and Self-Attributed Achievement Motives: Concordance and Predictive Validity." *Jour- nal of Personality* 70, no. 5 (October 2002): 729–755.

Tversky, Amos, and Daniel Kahneman. "Availability: A Heuristic for Judging Frequency and Probability." *Cognitive Psychology* 4 (1973): 207–232.

Vallone, Robert P., Dale W. Griffin, Sabrina Lin, and Lee Ross. "Overconfident Prediction of Future Actions and Outcomes by Self and Others." *Journal of Personality and Social Psychology* 58, no. 4 (1990): 582–591.

van Randenborgh, Annette, Joachim Hüffmeier, Joelle LeMoult, and Jutta Joormann. "Letting Go of Unmet Goals: Does Self-Focused Rumination Impair Goal Disengagement?" *Motivation and Emotion* 34, no. 4 (December 2010): 325–332.

Vohs, Kathleen D., and Todd Heatherton. "Self-Regulatory Failure: A Resource Failure Approach." *Psychological Science* 11, no. 3 (May 2000): 249–254.

Vohs, Kathleen D., Roy F. Baumeister, Nicole L. Mead, Wilhelm Hoff- man, Suresh Ramanathan, and Brandon J. Schmeichel. "Engaging in Self-Control Heightens Urges and Feelings." Working Paper.

Wagner, Dylan D., and Todd F. Heatherton. "Self-Regulatory Depletion Increases Emotional Reactivity in the Amygdala." *Social, Cognitive and Affective Neuroscience* (August 27, 2012). DOI:10/1093scan/ nss082.

Wegner, Daniel M. *The Illusion of Conscious Will.* Cambridge, MA: MIT Press, 2002.

———. "Ironic Processes of Mental Control." *Psychological Review* 101, no. 1 (1994): 34–52.

———. "Setting Free the Bears: Escape from Thought Suppression." *American Psychologist* (November 2011): 671–679.

———. *White Bears and Other Unwanted Thoughts: Suppression, Obsession, and the Psychology of Mental Control* (New York and London: Guilford Press, 1994), 70.

———. "You Can' t Always Think What You Want: Problems in the Suppression of Unwanted Thoughts." *Advances in Experimental Psychol- ogy* 25 (1992): 193–225.

Wegner, Daniel M., David J. Schneider, Samuel R. Carter III, and Teri
L. White. "Paradoxical Effects of Thought Suppression." *Journal of Personality and Social Psychology* 53, 1 (1987): 5–13.

Weinberg, Katherine M., Edward Z. Tronick, Jeffrey F. Cohn, and Karen L. Olson. "Gender Differences in Emotional Expressivity and Self-Regulation During Early Infancy." *Developmental Psychology* 35 (1999): 175–188.

Wilson, Timothy D. *Strangers to Ourselves: Discovering the Adaptive Unconscious.* Cambridge, MA: Belknap Press of Harvard University, 2002.

Wilson, Timothy D., and Daniel T. Gilbert. "Affective Forecasting." *Advances in Experimental Social Psychology* 35 (2003): 346–411.

Woodzicka, Julie A., and Marianne LaFrance. "Real Versus Imagined Gender Harassment." *Journal of Social Issues* 57, no. 1 (2001): 15–39.

Wrosch, Carsten, and Michael F. Scheier. "Personality and Quality of Life: The Importance of Optimism and Goal Adjustment." *Quality of Life Research* 12, suppl. 1 (2003): 59–72.

Wrosch, Carsten, Gregory E. Miller, Michael F. Scheier, and Stephanie Brun de Pontet. "Giving Up on Unattainable Goals: Benefits for Health?" *Personality and Social Psychology Bulletin* 33, no. 2 (February 2007): 251–265.

Wrosch, Carsten, Michael F. Scheier, Gregory E. Miller, Richard Schulz, and Charles S. Carver. "Adaptive Self-Regulation of Unattainable Goals: Goal Disengagement, Goal Reengagement, and Subjective Well-Being." *Personality and Social Psychology Bulletin* 29, no. 12 (December 2003): 1,494–1,508.

Wrosch, Carsten, Michael F. Scheier, Charles S. Carver, and Richard Schulz. "The Importance of Goal Disengagement in Adaptive Self-Regulation: When Giving Up Is Beneficial." *Self and Identity* 2 (2003): 1–20.

Zeelenberg, Marcel, and Rik Pieters. "A Theory of Regret Regulation 1.0." *Journal of Consumer Psychology* 17, no. 1 (2007): 3–18.

版权贸易合同登记号　图字：01-2022-6407

图书在版编目(CIP)数据

放弃的艺术 / (美) 佩格·斯特里普 (Peg Streep)，(美) 艾伦·B.伯恩斯坦 (Alan B. Bernstein) 著；戴思琪译. — 北京：电子工业出版社，2023.2
书名原文: Mastering the Art of Quitting

ISBN 978-7-121-44578-1

Ⅰ.①放… Ⅱ.①佩… ②艾… ③戴… Ⅲ.①成功心理-研究 Ⅳ.①B848.4

中国版本图书馆CIP数据核字(2022)第249702号

总策划：李　娟
执行策划：王思杰
责任编辑：黄益聪
营　　销：张　妍
印　　刷：北京盛通印刷股份有限公司
装　　订：北京盛通印刷股份有限公司
出版发行：电子工业出版社
　　　　　北京市海淀区万寿路173信箱　　邮编：100036
开　　本：787×1092　1/32　印张：10　字数：168千字
版　　次：2023年2月第1版
印　　次：2023年2月第1次印刷
定　　价：59.00元

凡所购买电子工业出版社图书有缺损问题，请向购买书店调换。
若书店售缺，请与本社发行部联系，联系及邮购电话：(010)88254888，88258888。
质量投诉请发邮件至zlts@phei.com.cn，盗版侵权举报请发邮件至dbqq@phei.com.cn。
本书咨询联系方式：(010)57565890，meidipub@phei.com.cn。

人啊，认识你自己！